功能材料在安全人机工程中的应用

王保国　徐建中　王 伟　霍 然　编著

国防工業出版社

·北京·

内容简介

本书系统地讨论了功能材料在安全人机工程中的应用，全书共六篇 19 章。第一篇（第 1～2 章）给出了安全人机工程的总体框架及人机建模方法；第二篇（第 3～4 章）给出了功能材料的物理基础及分类；第三篇（第 5～10 章）讲述了功能材料在安全与微纳器件中的应用，包括阻燃材料的阻燃机理、常用阻燃技术、石墨烯对阻燃所起的作用、阻燃与纳米材料的测试及微纳器件的飞秒激光加工与制备；第四篇（第 11～12 章）给出了低维光纤光栅功能器件的理论基础及可穿戴服装人体温度的实时测量；第五篇（第 13～15 章）介绍了光子与纳米技术在组织体及医学中的应用，包括光与组织体的作用模型、激光诱导的焊接组织技术以及纳米载药策略；第六篇（第 16～19 章）介绍了超材料在人与机隐身中的应用，包括亚波长电磁理论基础以及飞行器隐身技术等。

本书可作为高等院校安全工程、人机与环境工程、系统工程、材料工程以及高分子材料等专业的本科生与研究生教材，也可供有关教师以及科技人员学习参考。

图书在版编目（CIP）数据

功能材料在安全人机工程中的应用 / 王保国等编著.
北京：国防工业出版社，2025.1. --（人机智能丛书）.
ISBN 978-7-118-13352-3

Ⅰ. X912.9

中国国家版本馆 CIP 数据核字第 2024EV6570 号

※

国防工业出版社出版发行
（北京市海淀区紫竹院南路 23 号　邮政编码 100048）
北京虎彩文化传播有限公司印刷
新华书店经售

*

开本 787×1092　1/16　**印张** 10¾　**字数** 244 千字
2025 年 1 月第 1 版第 1 次印刷　**印数** 1—1200 册　**定价** 55.00 元

国防书店：（010）88540777　　书店传真：（010）88540776
发行业务：（010）88540717　　发行传真：（010）88540762

前　言

能源、信息和材料是现代文明社会的三大支柱，而材料又是一切技术发展的物质基础。功能材料是指具有特定光、电、磁、声、热、湿、气、生物等特性的各类材料，其中超材料、纳米材料、低维石墨烯材料、光纤光栅功能器件、生物医学材料、光子晶体器件、新型组织工程材料、光学微纳器件以及隐身材料等已在安全人机工程中获得广泛应用。

在安全人机工程学中常用“安全”“人”“机”和“环境”这四大模块作为研究对象。为了便于读者了解本书，第一篇给出了安全人机工程的总体框架以及总体性能评价的指标，它是该系统工程优化的目标函数；另外，还给出了人机建模的多视图、智能化的通用方法。这就为功能材料用于安全人机工程提供了一个鉴定与验收的理论基础平台。

第二篇讨论了功能材料的物理基础及其分类的方法，并且第 4 章以“功能转换材料”与“能源材料”为例，系统地分析与归纳出了常用的表格，以方便初学者深入查阅与学习。

阻燃功能材料是“安全”模块研究的重要内容之一，第三篇以功能材料在安全与微纳器件中的应用为题，用了六章的篇幅系统地进行了探讨，其中包括阻燃材料的阻燃机理、常用阻燃技术、石墨烯对阻燃所起的作用等。由于阻燃与纳米材料的性能测试需要大量高科技仪器和微纳器件才能完成，所以在 10.3 节中专门讨论了飞秒激光加工和微纳器件制备的相关技术。阻燃材料的系统研究与飞秒激光加工技术突出了第三篇的亮点。

低维功能材料是目前材料学研究的前沿方向，可穿戴智能材料直接关系到人们的日常生活。第四篇紧扣这个方向，第 11 章讨论了光纤 Bragg 光栅理论与特性的物理基础；第 12 章讨论了可穿戴光纤光栅人体温度的实时测量问题，它是人体测量学的热点问题之一。组织工程是美籍华人、现代生物力学之父冯元桢先生提出的一个重要概念，他一直大力提倡且开展了用于修复与促进人体康复的医学工程研究。本书第五篇专门讨论了光子与纳米技术在组织工程及生物医学中的应用问题，其中第 13 章讨论了光与组织体作用的模型；第 14 章讨论了激光焊接与再生技术；第 15 章针对脑胶质瘤治疗问题讨论了靶向纳米粒子载药系统与策略。显然，第 13～15 章讨论的问题非常前沿，它直接关系到疾病诊断与康复。

第六篇主要讨论超材料及其在“人、机”隐身中的应用，其中第 16 章与第 17 章分别讨论了亚波长电磁理论的物理基础和超材料/超构表面与光子晶体传感器的应用问题；第 18 章讨论了人类十分感兴趣的隐身衣的几种设计方法；第 19 章讨论了飞行器的隐身问题，它关系到飞机的战斗力与生存能力，至关重要。

书中的第 3、4、11、16～19 这七章由王保国撰写；第 5～10 这六章由徐建中撰写；第 2 和第 12～15 这五章由王伟撰写；霍然撰写了第 1 章。另外，全书的统稿由霍然和王保国共同完成。全书电子文稿的录入工作由徐百友硕士完成，由于本书涉及的学科较多，所涉及的物理、化学、材料学等知识面广，再加上 4 位作者水平有限，书中的错漏和不妥之处，敬请读者斧正！

可以通过 E-mail: MMSAIPP@163.com 与我们联系或交流，以便再版时修正或补充。

作　者

2024 年 3 月

目　　录

第一篇　安全人机工程的总体框架

第二篇　功能材料的物理基础及分类

第三篇 功能材料在安全与微纳器件中的应用

第四篇　低维光纤光栅功能器件

第五篇　光子与纳米技术在组织及医学中的应用

第六篇 超材料在人与机隐身中的应用

第一篇　安全人机工程的总体框架

安全人机工程学是一门多学科交叉融合的新兴学科，它以钱学森先生倡导的系统学[1]为基础理论，始终将人—机—环境系统工程[2]与安全工程[3]紧密结合。在通常人机系统方法学[4]和人—机—环境系统工程教科书中[5]，总是以人、机、环境三大要素所构成的系统为研究对象，以控制论、模型论和优化论等为理论支撑，深入探讨人、机、环境系统中的最优组合问题。为便于叙述，在人机工程界常把人—机—环境工程简称为人机工程，因此在人机工程学中也常分为“人”模块、“机”模块和“环境”模块。相应地，在安全人机工程学中[6-8]，分成了4个模块，即“人”模块、“机”模块、“环境”模块和“安全”模块。

本篇共2章，其中一章主要讨论安全人机系统的总体性能评价以及4项指标，另一章主要讨论安全人机建模的通用方法与智能化技术方面的概述。由于“环境”模块在文献[4]的第四篇第10章中已分别从法律和清洁生产的角度进行过详细讨论；另外，在航天器发射和返回过程时，处于超重环境中航天员会感受到高G值、超重环境、强噪声、大振动等力学环境因素的复合作用。在轨道飞行时，航天员会遇到失重这一特殊刺激；此外，来自太阳系和银河系的空间辐射，包括X射线、γ射线及高能带电粒子的辐射；乘员舱意外失压造成的低压因素和缺氧因素对航天员的安全构成很大威胁。国外资料研究表明，人体向密闭航天器舱内排放的化学物质多达22类400余种。舱内的非金属材料，如橡胶、塑料、合成织物、黏合剂、润滑剂、油漆以及仪器运转释放出来的有害气体，都会影响航天员的身心健康。因此在载人航天环境下，必须考虑航天环境多种因素的复合作用，例如：①失重与电离辐射的复合作用；②失重与低氧的复合作用；③电离辐射与低氧的复合作用；④电离辐射与超重的复合作用；⑤电离辐射与振动的复合作用；⑥低氧与低温的复合作用；⑦低氧与振动的复合作用等。此外，多种因素的复合作用效应是与航天环境的刺激性质、刺激强度、刺激种类、作用顺序、持续时间与作用到航天员身体上的部位密切相关。综上所述，航天环境因素的复合作用方面的研究绝非一件易事，它绝对不是本书要讨论的内容，对载人航天“环境”模块感兴趣的读者，可参考文献[9]等。此外，本书对人工智能的基础算法以及大数据性能分析与决策问题都没有展开讨论，对此感兴趣者可参考国内外相关文献，例如文献[10]等。正是由于“环境”模块，尤其是载人航天所涉及的“环境”模块太复杂，不适宜纳入本书的讨论与研究，因此本书在下面的篇与章节的讨论时，仅针对其他3个模块进行讨论。

第1章　系统的总体性能及4项指标

1.1　控制论与模型论

构建人机环境系统模型的3个基本理论是控制论、模型论和优化论。控制是控制论的基础，在经典控制理论、现代控制理论以及大系统理论的框架下控制论都取得了十分可喜的成果。

人机环境系统工程是一门综合性边缘技术科学，为了形成其自身的理论体系，它从一系列基础学科中吸取了丰富营养，并奠定了自身的基础理论。

控制论对人机环境系统工程的根本贡献在于，它用系统、信息、反馈等一般概念和术语，打破了有生命与无生命的界限，使人们能用统一的观点和尺度来研究人、机、环境这3个物质属性截然不同、互不相关的对象，并使其成为一个密不可分的有机整体。

控制论的奠基人是美国数学家维纳（Norbert Wiener）。控制论是一种概括了一类广泛对象所具有的某些普遍现象、普遍规律或属性而创立的学科。控制论作为控制科学，它只研究控制系统，即自然系统、工程系统、社会系统中带有控制与信息关系的问题、控制与信息流原理及规律，但控制与信息关系现象及规律又是系统中普遍存在的。

对系统进行控制是为了保证系统在其内部条件和外部环境变化时能同样有效地完成某种有目的的行为。适当的控制是保证一个系统有效运行的前提，也是使系统性能得以改进的有效方法。使用控制技术可以使系统的性能控制在允许的偏差范围内，达到系统性能稳定；能改进系统的动态性能，使系统的运行精度更高。

系统中常常存在各式各样的控制，使系统完成某种有目的的行为，实现一定的目标。一个控制系统的基本构成是执行控制的控制器C与受控制的被控对象S两大部分。控制是控制系统的运作模式，随着控制系统的目标、功能、结构类型的不同而不同。

（1）经典控制理论。

经典控制理论研究的控制系统类型主要有开环控制系统和闭环控制系统。开环控制系统可以用图1.1来表示。

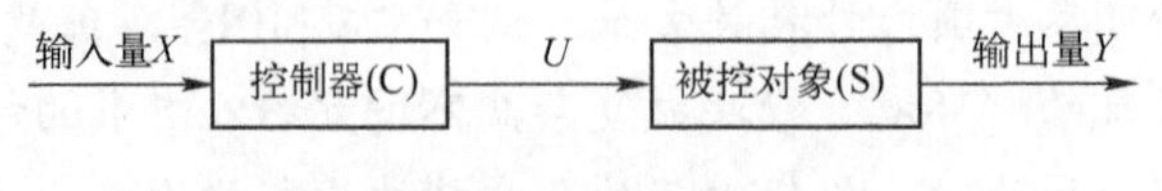

图1.1　开环控制系统方块图

开环控制的控制器只按照给定的输入量对被控对象S进行单向控制，不具有对被控量进行测量及影响控制的作用，因而没有能力修正由于扰动而引起被控输出量与预期值之间的偏差。

值得指出的是，控制论作为人机环境系统工程的一个主要技术方法，主要用于处理或回答不同系统层次上的各种控制问题。当用控制论方法来分析和研究人机环境系统时，必须注意到人不仅是一个有意识活动的、极为复杂的开放巨系统，而且人的行为具有时变性、非线性、随机性等特点。此外，人机环境系统除了应解决人、机之间的控制问题之外，还必须解决环境因素对控制问题的影响。因此，人机环境系统所面临的问题，远比目前处理大系统问题要复杂和困难得多。

（2）模型论。

模型论可以为人机环境系统工程研究提供一套完整的数学分析工具。对于人机环境系统工程问题来讲，不仅要求定性，而且要求定量地刻画全系统的运动规律。为此，就必须针对不同客观对象，通过建模、参数辨识、数值模拟和检验等步骤，用数值计算以及实验测量的方法得到系统变化的规律。

一个模型系统应该具有三大特点：①相似性，模型与原型之间具有行为或结构的相似性，即模型是原型系统的抽象或模仿；②代替性，模型能够反映系统的本质特征，可以通过研究模型来了解实际系统；③有用性，模型比现实系统容易操作，容易推演系统的变化过程，而且经济。

从系统论的观点来看，原型是一个系统，模型也是一个系统。这两个系统间有紧密联系，但又有区别。一个模型可能比原型来得简单，但一个完整的模型应该能够正确反映客观现实系统中所要研究问题的主要特征。通过对模型系统行为的研究应能揭示被研究原型的行为特征和部分结构特征。

从模型性质划分，模型可以分两大类：物理（实物）模型和数学模型。物理模型是根据系统物理性质或其他属性而建立起来的相似模型，这里的相似应该包括几何尺寸形状、逻辑、过程特性等。数学模型就是通过抽象的方法，用各种数学工具来描述实际系统及其过程特性。在数字化的今天，数字孪生所生成的数字体已成为一类新构型。

从模型结构划分，模型可以分三大类：①实体比例模型，如地球仪、设计与试验用的人体二维或三维模型、建筑布局与外观模型、风洞试验用的飞机或飞行器模型等；②模拟（或类比）模型，如系统方块图、电子电路图、电子模拟系统、平面布置图等；③数字与符号模型，它用数字与符号来表示被研究的对象及其相互关系，如布尔代数、代数方程、微分方程、概率模型等。

另外，根据模型系统与原型系统的相似度，可以把数学模型分为两类：同构模型与同态模型。从系统的观点，模型与原型都是系统，在原型系统与模型系统之间，如果在行为一级等价，两者称为同态系统；如果在结构一级等价，则称为同构系统。如果两者是同构系统，即两系统对外部激励具有同样的反应，只要给予同样的输入，就会得到同样的输出。如果两系统是同态系统，那么两者间只有少数的具有代表性的输入输出相对应，即原型系统与模型系统的输入输出之间存在多对一的关系。虽然，同态模型系统输入输出与其原型系统的输入输出不存在一对一关系，但同态模型系统依靠某种信息流应能完全反映原型系统实际运行的总效果。因此，人们还常将同态模型称为功能模型。

在系统工程中，按所建立的模型用途来划分，数学模型可以分五大类：总体过程模型、性能模型、时间模型、可靠度模型和费用模型。另外，文献[8]的第 19 章提出了一个通用建模模型，其具有“多视图、多方位、多层次立体的体系结构”，并注意使用 UML 统一建模语言工具，构建了“复杂系统通用的建模分析与设计方法”。

1.2　优化论以及 Nash-Pareto 优化策略

优化论是寻求人机环境系统最优化组合的一类普遍理论与方法，是人机环境系统工程的精髓。优化方法在 20 世纪初便开始出现，它是一门新的数学分支学科。“优化”从系统工程的观点看有两重含义：①广义的优化是指使一个系统尽可能有效、完善，使系统功能得以充分发挥；②狭义的优化是指一种特殊的方法、技术或过程，用它来从众多的方案、途径或结构中选择出一种满足一定评判标准的解答。优化论是系统工程方法论中的一种重要工具。在许多情况下，最优化在数学上被简化为在满足一定的约束条件下，求函数的极大值或极小值问题。

由于研究对象本身的复杂性，系统目标、评判标准的数量与选取的复杂性，导致了在人机环境系统中优化模型本身的复杂性。因为人机环境系统工程本身的目标就是追求系统总体上的“安全、环保、高效、经济”，以及技术上的先进。因此，从工程的观点来看，人机环境系统工程的优化包含以下 3 个层面的含意：①努力使所确定或设计的系统尽可能有效、完善，使其资源得到充分的利用，使构成系统各要素的功能得到充分的发挥；②在系统设计可能选择的方案中优选一种具体的解决方法、技术与过程，使所得到的设计结果满足一组评估标准；③在数学上它是指在一定约束条件下使所确定的系统目标函数取得极大值或极小值。

运筹学是处理系统工程问题的重要数学基础内容，因此它也是人机环境系统工程的重要工具或方法。运筹学的内容包括线性规划、排队论、决策理论、动态规划、博弈论、优选法、梯度探索法、质量控制等，其核心是系统优化模型的建立与求解。

最优化数学模型的一般形式为

$$\begin{cases}\min f(\boldsymbol{x}) \\ \text{s.t.}\quad \boldsymbol{x}\in \boldsymbol{S}\end{cases} \tag{1.1}$$

式中：$\boldsymbol{x}=(x_1x_2\cdots x_n)^{\mathrm{T}}\in \mathbf{R}^n$，即 $\boldsymbol{x}$ 是 n 维实向量，在实际问题中也称为决策变量；$f(\boldsymbol{x})$ 是向量 $\boldsymbol{x}$ 的函数，称为目标函数；s.t. 是英文 subjectto 的缩写。

令 $\boldsymbol{S}$ 是 $\mathbf{R}^n$ 的子集，当 $\boldsymbol{S}=\mathbf{R}^n$ 时，$\boldsymbol{x}$ 的取值无任何限制，模型式（1.1）可写为

$$\min f(\boldsymbol{x}) \tag{1.2}$$

其意义是在 $\mathbf{R}^n$ 中求使 $f(\boldsymbol{x})$ 取极小值的 $\boldsymbol{x}$。这样的最优化问题称为无约束最优化问题。

当$\boldsymbol{S} \neq \mathbf{R}^n$时，$\boldsymbol{S}$是$\mathbf{R}^n$的真子集，$\boldsymbol{x}$的取值受到限制，$\boldsymbol{x}$必须属于$\boldsymbol{S}$，$\boldsymbol{S}$称为约束条件。这时式（1.1）的意义是在集合$\boldsymbol{S}$中寻求使$f(\boldsymbol{x})$取极小值的向量$\boldsymbol{x}$。这样的最优化问题称为约束最优化问题。

当$x \in \boldsymbol{S}$时，则称$\boldsymbol{x}$为最优化问题模型（1.1）的可行解。这时$\boldsymbol{S}$中使$f(\boldsymbol{x})$取极小值的$\boldsymbol{x}$称为最优化问题模型（1.1）的解。如果$\boldsymbol{S}$为空集，则称该问题无可行解。

有的最优化问题是求使目标函数取极大值的解，其数学模型为

$$\begin{cases} \max f(\boldsymbol{x}) \\ \text{s.t.} \quad \boldsymbol{x} \in \boldsymbol{S} \end{cases} \tag{1.3}$$

它可化为等价的极小值问题

$$\begin{cases} \min g(\boldsymbol{x}) \\ \text{s.t.} \quad \boldsymbol{x} \in \boldsymbol{S} \end{cases} \tag{1.4}$$

来求解，其中$g(\boldsymbol{x}) = -f(\boldsymbol{x})$。

所以，是按照$\boldsymbol{S} = \mathbf{R}^n$，还是$\boldsymbol{S}$是$\mathbf{R}^n$的真子集，最优化问题可分为无约束最优化与约束最优化两大类。最优化问题有3个基本要素为变量、约束条件、目标函数。在求解最优化问题时，需根据优化问题的性质来决定采取何种优化方法。从数学上讲，这些方法可以归为微积分、规划（线性、二次、动态规划等）以及试验方法3类。

（1）一般无约束最优化。

一般无约束最优化模型为式（1.2），即

$$\min f(\boldsymbol{x})$$

此时$\boldsymbol{S} = \mathbf{R}^n$，$\boldsymbol{x}$的取值无任何限制，其意义是在$\mathbf{R}^n$中求使$f(\boldsymbol{x})$取极小值的$\boldsymbol{x}$。其中$f(\boldsymbol{x})$为目标函数，实际上是函数的极值问题。当$\boldsymbol{x}$是标量时$f(\boldsymbol{x})$是一元函数；当$\boldsymbol{x}$是向量时，$f(\boldsymbol{x})$是多元函数，此时最优化变为求使函数$f(\boldsymbol{x})$取极小值$\boldsymbol{x}$的问题。

（2）约束最优化。

一般的约束最优化问题的数学模型为

$$\begin{cases} \min f(\boldsymbol{x}) \\ \text{s.t.} \ \ g_i(\boldsymbol{x}) = 0 \quad (i = 1, 2, \cdots, m_e) \\ g_i(\boldsymbol{x}) \leqslant 0 \quad (i = m_e + 1, \cdots, m) \end{cases} \tag{1.5}$$

式中：$f(\boldsymbol{x})$为目标函数；$g_i(\boldsymbol{x}) = 0 \ (i = 1, 2, \cdots, m_e)$称为等式约束，$g_i(\boldsymbol{x}) \leqslant 0 \ (i = m_e + 1, \cdots, m)$称为不等式约束。

对最大值问题与大于等于零的约束条件，如上所述，可以通过变换转化为式（1.5）的形式。

一般约束最优化问题，根据目标函数和约束条件的不同形式，可分为若干种类型的典型优化问题，其中最典型的就是线性规划问题。通常，线性规划模型需用单纯形法进行求解。

当目标函数含有变量的二次项，而约束条件仍为变量$\boldsymbol{x}$的线性关系时，式（1.2）约束优化问题为二次规划问题。此时的目标函数形式为

$$f(\boldsymbol{x})=c_1\boldsymbol{x}_1+c_2\boldsymbol{x}_2+\cdots+c_n\boldsymbol{x}_n+c_{11}\boldsymbol{x}_1^2+c_{12}\boldsymbol{x}_1\boldsymbol{x}_2+\cdots+c_n\boldsymbol{x}_n^2 \tag{1.6}$$

一般的非线性规划（NP）问题约束条件为非线性的，目标函数也多为非线性的。因此二次规划问题是非线性规划问题的一个特例。一般非线性规划的常用求解方法是顺序非约束最小化技术，即 SUMT（sequential unconstrained minimization technique）法。

（3）最小二乘优化方法。

在系统辨识中的参数估计、BP 神经网络中的权值训练、大量试验数据的曲线拟合等，经常会遇到最小二乘求极值的方法。非负线性最小二乘问题的数学模型为

$$\begin{aligned}&\min\|\boldsymbol{A}\cdot\boldsymbol{x}-\boldsymbol{b}\|_2^2\\&\text{s.t.}\quad \boldsymbol{x}\geqslant 0\end{aligned} \tag{1.7}$$

式中：$\boldsymbol{A}$ 是 $m\times n$ 阶矩阵；$\boldsymbol{b}$ 是 m 维列矢量； 变量 $\boldsymbol{x}$ 是 n 维列矢量。符号 $\|\boldsymbol{A}\cdot\boldsymbol{x}-\boldsymbol{b}\|_2^2$ 表示 2 范数平方。

令

$\boldsymbol{Y}=(y_1,y_2,\cdots,y_m)^{\mathrm{T}}$，则

$$\boldsymbol{Y}^2=\boldsymbol{Y}^{\mathrm{T}}\cdot\boldsymbol{Y}=(y_1,y_2,\cdots,y_m)\cdot(y_1,y_2,\cdots,y_m)^{\mathrm{T}} \tag{1.8}$$

约束线性最小二乘问题的数学模型为

$$\begin{aligned}&\min\|\boldsymbol{A}\cdot\boldsymbol{x}-\boldsymbol{b}\|_2^2\\&\text{s.t.}\boldsymbol{C}_1\boldsymbol{x}\leqslant\boldsymbol{b}_1\\&\boldsymbol{C}_2\boldsymbol{x}=\boldsymbol{b}_2\end{aligned} \tag{1.9}$$

对于多目标、多设计变量、大型复杂非线性系统，文献[4]的 8.4 节提出了一种 Nash-Pareto 优化策略，大量的数值实践表明这种方法实用、可行。

1.3 总体性能的 4 项评价指标

在人机环境系统中，人本身是个复杂的子系统，机（例如计算机或其他机器）也是个复杂的子系统，再加上各种不同的环境影响，便构成了人机环境这个复杂系统。面对如此庞大的系统，如何判断它是否实现了最优组合呢？这里给出“安全”“环保”“高效”“经济” 4 项评价指标，对于任何一个人机环境系统都是必须满足的综合效能准则。“安全”是指在系统中不出现人体的生理危害或伤害。“环保”是指爱护人类赖以生存的地球家园，不要破坏大自然的生态环境，不要污染地球大气层以及外层宇宙空间；另外，还要使产品和所研制的系统满足“绿色设计”“清洁生产”，有利于人类环境生态系统的健康发展；要执行 1996 年 ISO 颁布的 ISO14000 系列标准，这个标准涉及大气、水质、土壤、天然资源、生态等环境保护方针在内的计划、运营、组织、资源等整个管理体系标准，集成了世界各国在环境管理实践方面的精华；它有利于规范各国的行动，使其符合自然生态的发展规律，有利于地球环境的保护与改善，保障全球环境资源的合理利用，

促进整个人类社会的持续正常发展。“高效”是指使系统的工作效率最高，使用价值最大。“经济”是在满足系统技术要求的前提下，尽可能投资最省，即要保证系统整体的经济性。

1.4 总体性能各指标的评价

人机环境系统工程的最大特色是，它在认真研究人、机、环境 3 大要素本身性能的基础上，不单纯着眼于单个要素的优劣，而是充分考虑人、机、环境 3 大要素之间的有机联系，从全系统的整体上提高系统的性能。图 1.2 给出了总体性能分析与研究的示意图，借助于该图，下面分别从“安全”“环保”“高效”“经济”4 个方面对总体性能进行评价。

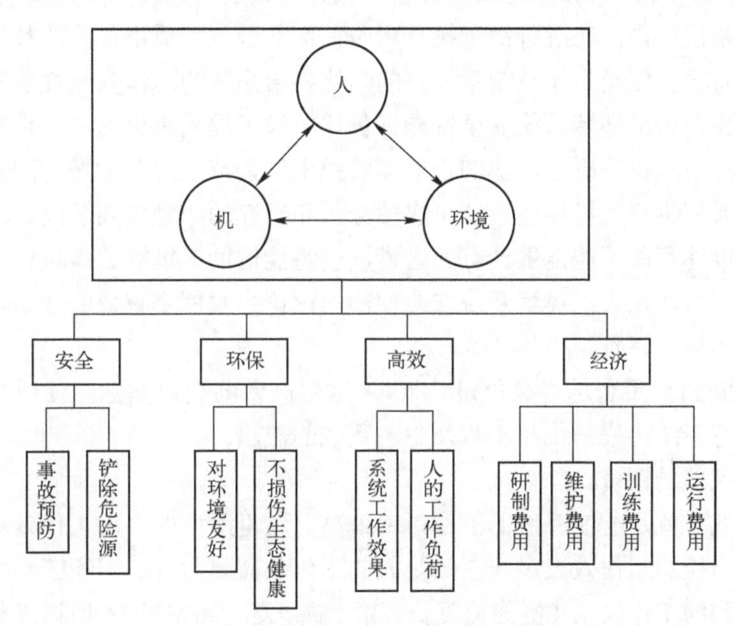

图 1.2　总体性能分析与研究的示意图

（1）安全性的评价。

在人机环境系统中，安全性能评价的基本方法有两种，一种是事件树分析法（即 ETA），又称决策树分析法（即 DTA），另一种是故障树分析法（即 FTA），这里仅讨论后一种方法。故障树分析法（又称事故树分析法）是 H.A.Watson（沃森）提出的，后来由美国航空航天局（NASA）作进一步发展并广泛地用于工程硬件（即机器）的安全可靠性分析。故障树分析法是一种图形演绎方法，它把故障、事故发生的系统加以模型化，围绕系统发生的事故或失效事件，作层层深入的分析，直至追踪到引起事故或失效事件发生的全部最原始的原因为止。对故障树可作定性评价与定量评价。因此故障树分析法主要由三部分组成：建树、定性分析与定量分析，其中建树是 FTA 的基础与关键。故障树的定性评价包括：

① 利用布尔代数化简事故树；

② 求取事故树的最小割集或最小径集；

③ 完成基本事件的重要度分析；

④ 给出定性评价结论。

故障树的定量评价包括：

① 确定各基本事件的故障率或失误率，并计算其发生的概率；

② 计算出顶事件发生的概率，并将计算出的结果与通过统计分析得出的事故发生概率作比较，如果两者不相符，则必须重新考虑故障树图是否正确（也就是说要检查事件发生的原因是否找全，上下层事件间的逻辑关系是否正确）以及基本事件的故障率、失误率是否估计得过高或者过低等；

③ 完成各基本事件的概率重要度分析和临界重要度（又称危险重要度）分析。

应该强调指出的是，在进行故障树分析时，有些因素（或事件）的故障概率是可以定量计算的，有一些因素是无法定量计算的，这将给系统的总体安全性能的定量计算带来困难，这也正是人机环境系统安全性能评价比一般工程系统更困难、更复杂的原因。尽管如此，通过故障树分析法，我们仍然能够找出复杂事故的各种潜在因素，所以，故障树分析法是人们进行人机环境系统可靠性分析和研究的一种重要手段。而且随着模糊数学的发展，以往那些不能定量计算的因素，也将能借助于模糊数学进行量化处理，这就使得故障树分析法在人机环境系统安全性能的评价中发挥更有效的作用。

（2）环保指标的评价。

应使所研制的产品满足“绿色设计”“清洁生产”的规定指标，使所研制的人机系统不对环境生态系统造成干扰，不危及生态系统的健康。

（3）高效性能的评价。

所谓“高效”就是要使系统的工作效率最高。这里所指的系统工作效率最高有两个含义：一是指系统的工作效果最佳；二是人的工作负荷要适宜。所谓工作效果是指系统运行时实际达到的工作要求（例如速度快、精度高、运行可靠等）；所谓工作负荷是指人完成任务所承受的工作负担或工作压力，以及人所付出的努力或者注意力的大小。因此，系统的高效性能（也即系统的工作效率）定义为系统工作效果和人的工作负荷的函数，即

$$\text{系统高效性能}=f(\text{系统工作效果，人的工作负荷}) \tag{1.10}$$

在具体的评价实施中，工作效果的评价一般有较成熟的理论计算方法与工程方法。因此，为了对人机环境系统的高效性能进行评价，重点是要解决人的工作负荷的评价问题。人的工作负荷可分为体力负荷、智力负荷和心理负荷三类。文献[5]较为详细地讨论了测定与量化过程。

（4）经济性的评价。

一般来说，系统的经济性能包括 4 个方面：一是研制费用；二是维护费用；三是训练费用；四是使用费用。对经济性能的评价通常采用 3 种方法：一是参数分析法；二是

类推法；三是工程估算法。在国外（例如美国 NASA 等机构），广泛采用 RCA、PRICE 模型进行费用的估算。

（5）总体性能的综合评价指标。

对总体性能的评价必须考虑“安全”“环保”“高效”“经济”4 项评价指标。对于多目标非线性优化问题，一个常用的办法是引入加权因子，将多个指标综合为一个指标，这里定义综合评价指标 Q，其表达式为

$$Q=\alpha_1\times(\text{安全})+\alpha_2\times(\text{环保})+\alpha_3\times(\text{高效})+\alpha_4\times(\text{经济}) \tag{1.11}$$

式中：α_1，α_2，α_3与α_4分别为针对各个相应评价指标的加权系数，并且有

$$\alpha_1+\alpha_2+\alpha_3+\alpha_4=1 \tag{1.12}$$

这里α_1、α_2、α_3、α_4的取值视具体情况而定。

第 2 章　人机建模通用方法及智能化

复杂系统建模一直是系统工程领域中一个非常重要但又十分艰难的前沿课题。将一系列分离的单元系统进行有机集成并借助信息化技术提高集成后系统的整体效率和质量、降低消耗，提高整个系统的创新能力，正是当前许多现代企业和工程技术领域努力发展的方向，因此讨论这类复杂系统的建模分析与设计方法显得格外有意义。但由于这个问题涉及面很广，许多内容超出了本书研究的范围，因此本章采用了适当缩小复杂系统的研究范围，这里选定制造业系统的集成与信息化问题作为研究对象，讨论该复杂系统信息化的建模问题，即使这样，现代集成制造业的信息化建模问题仍属于复杂巨系统的建模问题，讨论这类系统的通用建模分析与设计方法仍是系统工程领域中正在大力研究与发展的前沿问题，本书仅用一章是很难全面讲清楚的，为此这里只能采取扼要概述核心内容并且给出相关的重要参考文献的方式讲述，以便学有余力的读者通过进一步阅读和学习相关文献与资料获取这方面较完整的知识。

最后，这里还要特别说明的是，本章讨论的通用建模分析与设计方法，最大特点是通过化繁为简、分而治之的办法对系统进行描述。由于采用多视图以及相关的表格与文字、多方位地描述同一对象的不同侧面，因此多视图之间必然存在着固有的相互联系并且保持着多方位体系结构上的一致性。它抛弃了用一个简单的数学表达式描述复杂事物时所遇到的数学上的复杂性问题，有利于复杂系统建模的实现。另外，在上述建模中，始终以 IDEF 方法族[8]和 UML 统一建模语言作为两大工具，这种采用图形语言来表示的 IDEF 模型，其优点有：①建模过程中，可以有控制地逐步展开设计的细节；②语法和语义严格且规范，并且语义明确、准确、无歧义，可以完整地描述所研究的系统；③充分注意了模型的接口，便于相互之间的搭配组合；④该方法提供了一套便捷、通用的分析和设计词汇；⑤整个建模分析和设计过程做到了步步有规则和每步都有程序可遵循，这就使整个设计过程非常结构化、规范化。

2.1　集成的概念以及两种集成的比较

2.1.1　集成的概念

对于集成，不同的专家有不同的理解和定义。国际标准化组织 ISO TC184 在其会议文件中写道：“集成是指两个以上具有各自结构、行为和边界的实体组成一个复合实体，显示出其独特的结构、行为和边界。各个成分之间通过交换、合作和协调，共同完成赋予复合实体的任务。各个成分实体之间的可操作性是实现集成的基本前提。”集成理念在技术实现上具有 4 个层次：①互联，②互操作，③语义一致，④会聚集成。前面的定义，仅涵盖了前两个层次，后两个层次在下文的讨论中将通过扩展概念的内涵来说明。系统集成是为提高企业的竞争力而采取的一种全局性举措。由于每个企业的具体情况不同，因此所采用的措施也有差别。在企业信息化的实施过程中，人们常讲的“集成”通常会包括 3 个层次，即“信息集成”“过程集成”和“企业集成”，这 3 个层次在实施的过程中互相作用。法国 Vernadat 教授给出了如下企业集成的定义：“企业集成涉及把所有必需的功能和异构的功能实体连接在一起，促成跨组织边界的信息流、控制流和物流能够更为顺畅，从而改善了企业内的通信、合作与协调，使企业的运转得更像一个整体。因此便提高了整体的生产率、柔性和应变管理能力。另外，这里所集成的企业中不同成分的功能实体包括信息系统、设备装置、应用软件以及人。”这里企业的集成具有两层意思：一层是“企业内集成”，是指在企业内全面实现“人、经营、技术”三者的集成，在企业内各部门之间、上下级兄弟单位之间的集成与紧密配合以及相互支持；另一层是“不同类型企业之间的集成”，包括供应链的集成并力求较深入的合作。

2.1.2　关于“计算机集成制造”与“现代集成制造”的主要差别

这里讨论两个重要概念：计算机集成制造（computer integrated manufacturing, CIM）和现代集成制造（contemporary integrated manufacturing, CIM），虽然它们英文均缩写为 CIM，但细究其内涵，所涵盖的内容并不相同。“计算机集成制造”是 1973 年面对 20 世纪 60～70 年代美国制造业的空前危机，Joseph Harrington 博士提出的一个重要概念。该概念涵盖了两个重要观点：①企业生产的各个环节，包括市场分析、产品设计、加工制造、经营管理及售后服务的全部经营活动，是一个不可分割的整体、紧密相联；②从实质上讲整个经营过程就是一个数据的采集、传递和加工处理的过程，其最终形成的产品可以看作是数据物质的表现，其中在整个制造过程中计算机扮演了重要角色。而“现代集成制造”是将信息技术、现代管理技术和制造技术相结合，应用于制造企业产品生命周期的各个阶段。通过信息集成、过程优化以及资源优化，实现物流、信息流、价值流的集成和优化运作，达到人、经营（组织、管理）和技术三要素的集成，以提高企业新产品开发的时间（T）、质量（Q）、成本（C）、服务（S）、环境（E）、知识（K）等指标，从而提高企业的市场应变能力和竞争能力。比较“现代集成制造”与“计算机集成制造”两个概念，主要在如下几个方面上进行了拓展。

（1）细化了现代市场竞争的内容（T、Q、C、S、E、K）。

（2）提出了 CIMS 的现代特征：数字化、信息化、智能化、集成优化、绿色化。

（3）强化了系统观点，拓展了系统集成优化的内容（信息集成、过程集成和企业集成）；企业活动中的三要素和三流（物流、信息流、价值流）的集成优化，CIMS 相关技术和各类人员的集成优化。

（4）突出了管理与技术的结合，以及人在系统中的重要作用。

（5）明确指出了 CIMS 技术是基于传统制造技术、信息技术、管理技术、自动化技术。系统工程技术是一门发展中的综合技术，其中特别强调了信息技术的主导作用。

（6）拓展了 CIMS 的应用范围，包括离散型制造业、流程和混合型制造业。

2.2 多视图/多方位体系结构

对于像计算机集成制造的这样复杂的系统，用数学形式（如常微分方程、偏微分方程或差分方程或动力学方程之类的数学方程）表达往往会与实际存在着很大的距离。CIM 系统所提出的模型，主要形式是图形、表格和文字的叙述，是通过全局的“视图”去反映系统某方面特性（如功能视图、信息视图、决策视图等），因为企业涉及的方面太多，因此在建立视图的基础上，应促进系统集成的建模分析，搭建多视图、多方位体系结构。目前在一些特定的方面在国际上已有一些公认的比较成熟的建模方法，例如 IDEF0 建立功能模型，IDEFiX 建立信息模型，IDEF3 建立过程描述的模型，GRAI 方法建立决策模型等。而集成建模方法正是要研究这些方法及模型之间的关系，以便在其间建立有效的链接和相互的映射。对上述有关模型感兴趣者，可参考文献[8]给出的有关文献。

对于一个复杂的对象和系统，要研究的问题是多方面的，想用某一种表达形式去表示所有的方面是不可能的，因此建模只能是针对某一个研究方面而建立的这方面的模型，我们通常把这种模型称为全局的一个“视图”，例如功能视图、信息视图、资源视图、组织视图等。由于这些视图是研究同一个“对象”，所以这些视图之间必然是相互关联的。

系统的体系结构，就是一组代表整个系统各个方面的多视图多层次的模型集合。例如图 2.1 给出的 CIM 开放系统体系结构（CIM open system architecture，CIM-OSA），其三个坐标轴分别为“逐步推导“逐步具体化”与“逐步生成”。①“逐步推导”是指系统开发的整个生命周期中的几个阶段：从“需求意义”→“设计说明”→“实施描述”，每个阶段都有一些需要并具有一些特点。②“逐步生成”指的是系统的建模需要在哪些方面开展研究去寻找各方面的相互关系。图 2.1 中给出了功能视图、信息视图、资源视图和组织视图这 4 个方面来分析全系统，去分别建立相应的模型。③“逐步具体化”是一个由“一般”到“特殊”的发展过程。图 2.1 中左边是最一般的通用建模层，中间是部分通用建模层，即按各行业的生产经营活动，给通用建模层赋予具体的内容，以构成适合各行各业的通用模型。对这些各行业通用模型，再按具体企业的情况赋予具体的值，并对模型结构进一步地细化，成为具体企业的专用模型，这就是图 2.1 最右边的一列。这里将左边的通用建模层和中间的部分通用建模层合起来称为参考体系结构。

其实，国际上具有影响力的体系结构有多个，除了欧盟的 CIM-OSA 之外，例如，①美国普渡大学的普渡企业参考体系结构（Purdue enterprise reference architecture，PERA）；②法国 GRAI 实验室提出的 GIM（GRAI integrated methodology），GRAI（Graphics with activity integrated）是 20 世纪 70 年代法国提出的一种系统分析方法；③德国 Scheer 教授提出的集成的信息系统体系结构（architecture of integrated information system，

ARIS）；④1987 年 IBM 公司 Zachman 提出的 Zhachman 体系框架；⑤GERAM 框架（它是国际标准 ISO 15704：generalized enterprise reference architecture and methodlogies，通用企业参考体系结构和方法论）的主体部分，其框架结构如图 2.2 所示；⑥阶梯形 CIM 系统体系结构是 1994 年陈禹六教授针对我国企业实施 CIMS 所提出的体系结构，如图 2.3 所示。这种结构在一些文献中常简称为 SLA（stair like architecture）。

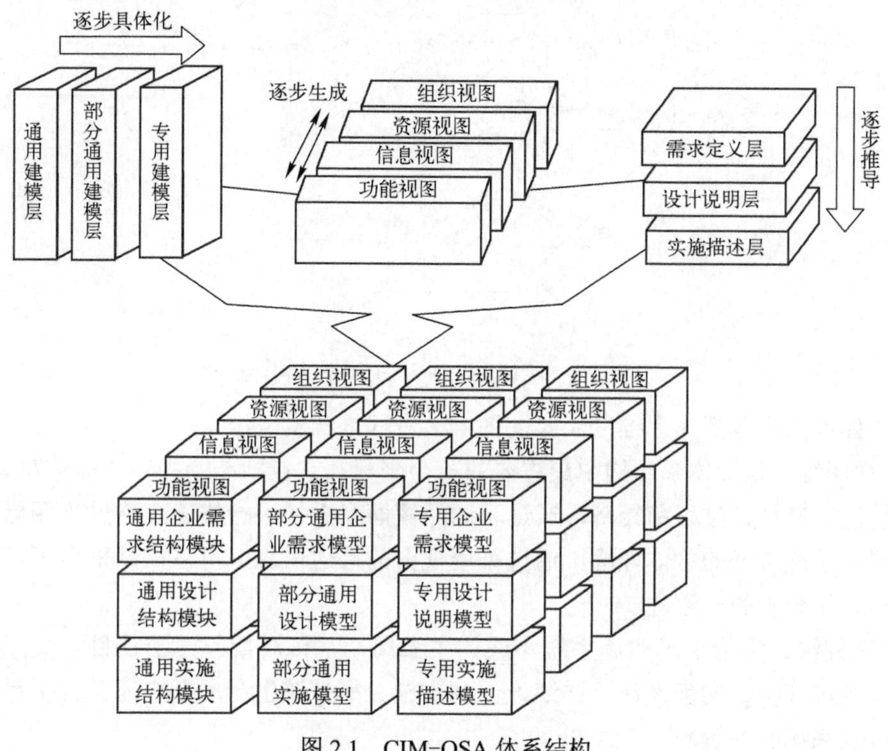

图 2.1　CIM-OSA 体系结构

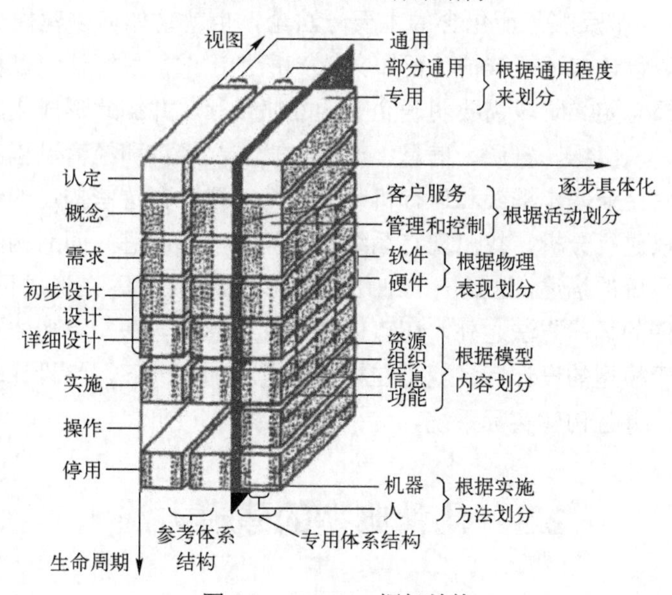

图 2.2　GERAM 框架结构

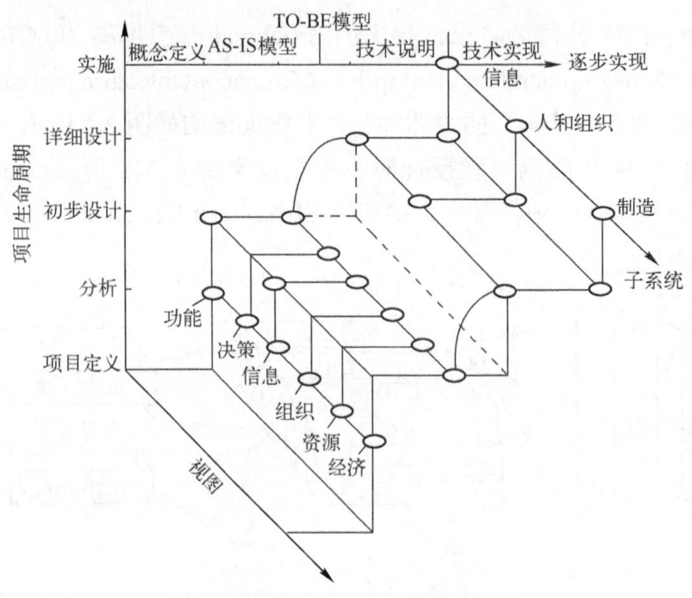

图 2.3　阶梯形 CIM 系统体系结构

这个体系结构包括 3 个维度，即视图维、进程维和实现维。

① 视图维，是该体系结构中最重要的一个坐标，它包括 7 个视图，即信息、组织、资源、功能、产品、过程和经济，通过不同的侧面对系统进行描述，通过视图信息的综合，获得对系统特征的总体理解。通过采用视图的描述信息，可以提高采用不同建模方法对同一系统分析的一致性。

② 进程维，它给出了实施系统集成的生命周期，该周期起始于项目定义，终止于“实施”，经过分析、初步设计、详细设计到实施。另外该生命周期中还包含了系统的定期维护以及系统的互解。

③ 实现维，该维反映了所包含的主要方法论，也就是如何以建模分析为手段，完成对系统的分析、设计与运行维护。正如文献[8]所指出的，系统认识过程和构建过程是阶梯上升的，在概念定义阶段需要明确企业的战略目标，并据此形成集成系统的目标，然后围绕该目标，从组织、资源、信息、产品、功能、经济和经营过程的角度去描述企业的现状，形成对企业基本框架和运行机制的完整描述。在这些描述的约束下，采用合适的模型分析手段进行分析，找出现有系统中的问题进行改进，而后构建目标系统，形成多视图的目标系统的描述，这是一个细化和优化设计的过程。在形成目标系统描述时，除了使用各个视图的描述方法之外，还可以使用其他建模方法，以形成对系统更完整的描述。在完成基于模型的设计后，就可在构建工具集的帮助下，将设计转化为实际系统构建的技术说明，并且构建实际系统。

2.3　几种典型的建模方法

以下用极简略的方式分别对功能建模方法（例如 IDEF0）、信息建模方法（例如

IDEF1X）、资源集成的重要工具（例如 ERP 企业资源计划）、经营过程（例如 IDEF3 过程描述获取方法）、企业组织运行模式（例如精良生产模式、敏捷制造模式以及虚拟工厂等）、决策建模（例如 GRAI 方法）以及经济分析与评价方法（例如层次分析法（AHP）和网络分析法（ANP））等进行概述。

2.3.1　功能建模方法

IDEF0 功能建模方法是 IDEF 系列建模方法的一种，其基本内容是在 SADT（system analysis and design technology）的活动模型方法上发展与完善的。IDEF0 方法已 1998 年成为美国 IEEE 标准，在系统的顶层结构设计领域具有广泛的影响，该方法具有严格的语法语义，并且提供了十分完整的建模指南和工作指南。

对于集成制造系统通常分为四个应用分系统和两个支撑分系统。四个应用分系统分别是管理信息系统（management information system，MIS）、工程设计系统（CAD/CAPP/CAM）、质量保证系统（QAS）和制造自动化系统（MAS）。两个支撑系统分别是数据库（DB）和通信网络（NET）。

2.3.2　信息建模方法

20 世纪 70 年代中期 ICAM（integrated computer aided manufacturing）计划首次意识到语义数据模型的必要性。因此 ICAM 计划开发了大家熟知的一系列 IDEF（ICAM DEFinition）方法。IDEF1X 是 IDEF1 的扩展版本。IDEF1X 和实体联系（entities-relationships，E-R）法主要是针对关系数据库的信息建模方法，随着面向对象技术的发展，面向对象的信息建模技术也得到了发展，尤其是面向对象的建模语言在 20 世纪 70 年代中期得到了很大发展，其中 UML（unified modeling language）已获得广泛的认可与应用。对于 IDEF1X 建模方法，文献[8]给出了相关文献，可供感兴趣者参考。

2.3.3　资源建模中界面的作用以及资源集成的重要工具——ERP

企业资源决定了企业的产品类型、企业的核心能力，以及企业的市场潜力，因此资源的建模和分析方法对于企业系统的集成便显得格外重要。资源模型的建模过程包括两个方面，一方面是建立资源结构，将企业现有的资源管理的相关图表直接映射到资源结构中。在这个过程中，使用资源的描述语言全面地描述每一个资源的性质，是这一映射过程的主要工作。另一方面就是建立资源模型和其他模型之间的界面，对资源模型的主要分析集中在对其界面的分析上，如图 2.4 所示，其主要界面有 5 种，①资源—组织界面；②资源—功能界面；③资源—信息界面；⑥资源—产品界面；⑤资源—过程界面。这些界面在企业资源建模、分析和优化过程中扮演了不同的角色，具有同等重要的作用。

计划是企业经营管理的基础和绩效考核的基准，以企业计划体系为主线实现系统集成，是许多管理信息系统的发展方向，其中最具代表性的是企业资源计划（enterprise resource planning，ERP）。ERP 系统可以认为是一个以财务会计导向的信息系统，其主要功能是将满足客户订单的所需资源（包括采购、生产与配销运筹作业所需的资源）进行有效整合与规划，以扩大整体经营绩效，降低成本。经验与实践都表明ERP是实现企业资源集成的一个重要工具。

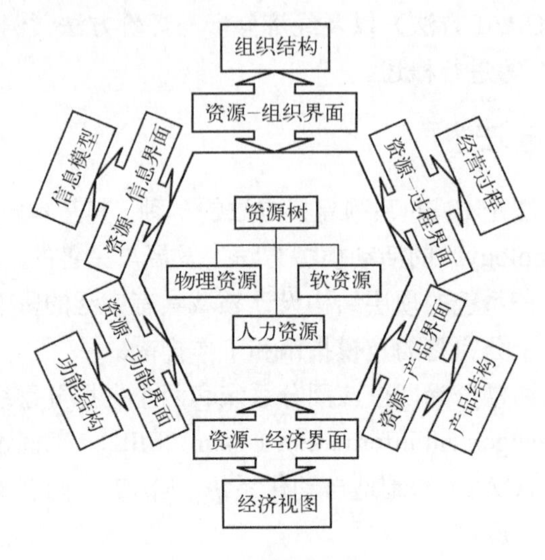

图 2.4　资源模型的基础结构

2.3.4　经营过程的建模方法——IDEF3 和 ARIS 过程建模

“过程”是完成企业某一目标而进行的一系列逻辑相关的活动集合。“经营过程”不是狭义的销售、买卖过程，而是指企业运行所需的所有过程。常用的过程建模有3种：一种是IDEF3过程描述获取方法；另一种是ARIS经营过程建模；甘特图和PERT图是过程建模的第三种方法。使用ARIS建立企业的经营过程首先从企业经营过程的顶层出发，使用增值链图宏观地描述顶层的经营活动，如图2.5所示。增值链图能够描述过程的时序关系，同时也能与功能树发生自然的联系。对于ARIS的详细建模过程可参阅相关文献，这里不作赘述。甘特图是Henry L.Gantt于1917年发明的，它用水平的长条图表来表示所有任务间的相互关系，其中横轴表示时间，纵轴表示任务名称，它使用非常直观的条形图，指示项目任务的时间和进度信息。甘特图是项目管理技术中的核心技术。PERT图是用于项目评审时所用的技术，是1950年美国海军在项目管理中首先使用的项目管理方法。

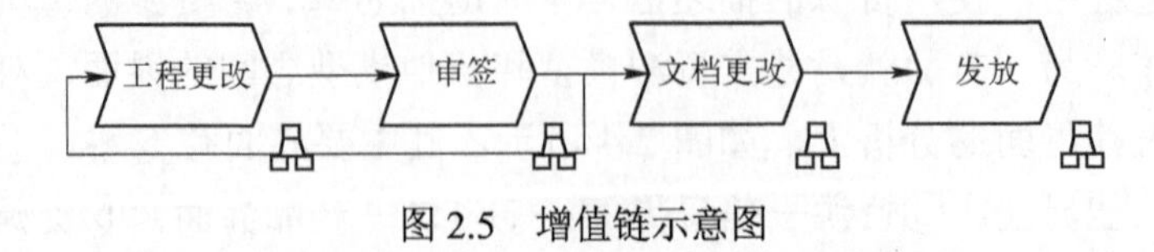

图 2.5　增值链示意图

2.3.5　精良的管理与敏捷制造的重要理念

精良生产（lean production，LP）和敏捷制造（agile manufacturing，AM）是20世纪80年代后期涌现出的高效率组织生产的两种新模式，精良生产降低了生产成本，提高了生产效率，从组织管理、设计、制造、协作与销售都形成了一套完整的高效经营方式，企业高度注重用户的需求，并且普遍采用“主动销售”的策略。另外，敏捷制造的基本思想还要求制造业不仅要灵活、多变地满足用户对产品多样性的要求，而且新产品必须能快速上市。此外在敏捷性设计中提出了著名的 RRS 要求，即“可重组”(reconfigurable)、“可重用”（reusable）和“可扩充”（scalable）。文献[8]中给出了详细的企业自我评价的标准。总之，精良的管理和推行敏捷制造的重要管理理念是企业组织运行的优良模式，它有利于最大限度地赢得市场份额，以及企业在竞争中生存与发展。

2.3.6　决策建模方法

在企业运行过程的管理决策中，法国的 GRAI 方法比较成熟，其中 GRAI 格与 GRAI 网是成功应用 GRAI 方法的两种必要工具。GRAI 格是由行与列纵横组成的表格，其中行代表决策制定的时间范围和调整周期；列代表决策系统的职能划分。在 GRAI 格中每个决策中心都对应有一个 GRAI 网并清晰地表示出其工作的过程。对于 GRAI 方法文献[8]给出了相关的文献，这里不作赘述。

决策支持系统（decision supporting system，DSS）是 20 世纪 70～80 年代提出并发展的，它以管理科学、运筹学、控制论和行为科学为基础，以计算机技术、仿真技术和信息技术为手段，针对半结构化的决策问题提供解决问题的办法与策略。1985 年 Belew 提出了智能决策支持系统（intelligence decision supporting system，IDSS）使人工智能 AI 和 DSS 相结合，应用专家系统（expert system，ES）技术，使 DSS 能够更充分地应用人类的知识，如决策问题的描述性知识、决策过程中的过程性知识、求解问题的推理知识等，通过逻辑推理去解决复杂的决策问题。另外，对于多人决策问题，国际上也发展了群体决策支持系统（group decision supporting system，GDSS），图 2.6 绘出了 GDSS 的一般结构图。此外，随着 IT 技术和人工智能技术的发展，各种技术交叉融合，也会产生新的 DSS 功能，这里因篇幅所限不多叙述。

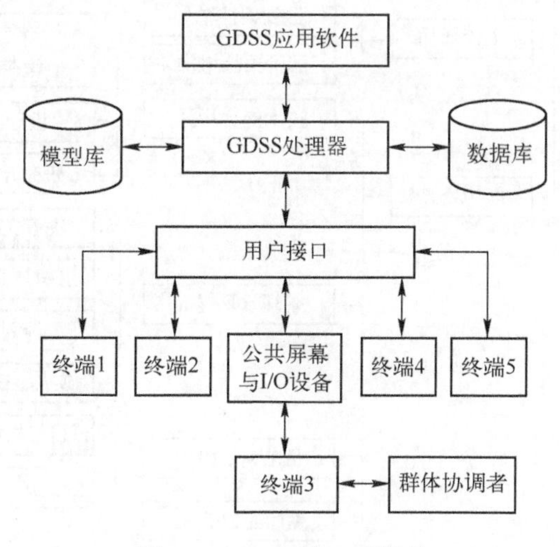

图 2.6　GDSS 的一般结构

2.3.7 经济分析与评价建模方法

在经济分析中，层次分析法（analytic hierarchy process，AHP）是美国 Saaty 教授提出的一种辅助性决策方法，并已经得到广泛应用，由于该方法在许多书中有介绍，这里就不再介绍，感兴趣者可参阅相关资料。传统的评价指标过多地着眼于短期的经济指标，而忽略了企业的实际经营状况是与社会和行业大环境以及企业的战略决策等紧密相联的。在尽量排除外部环境和企业决策等因素的基础上，对信息化项目的实施效果进行客观、全面评价，应该是企业信息化后所关注的经济评价问题。

图 2.7 给出了企业信息化综合评价指标的体系。国际上多数专家认为时间（T）、质量（Q）、成本（C）、服务（S）、环境（E）是企业成功的关键因素。面对复杂多变的市场，企业的生产柔性（F）以及企业人员的素质和企业核心潜在竞争力（A）也应该列入企业的关键因素。按照这一评价指标体系，信息化项目的效益可分为时间节约、质量提高、成本降低、柔性增加和能力增强这 5 个方面，应该讲这五方面反映出信息化项目的主要效益。因篇幅所限，对企业信息化项目综合效益的评价问题就不展开讨论。

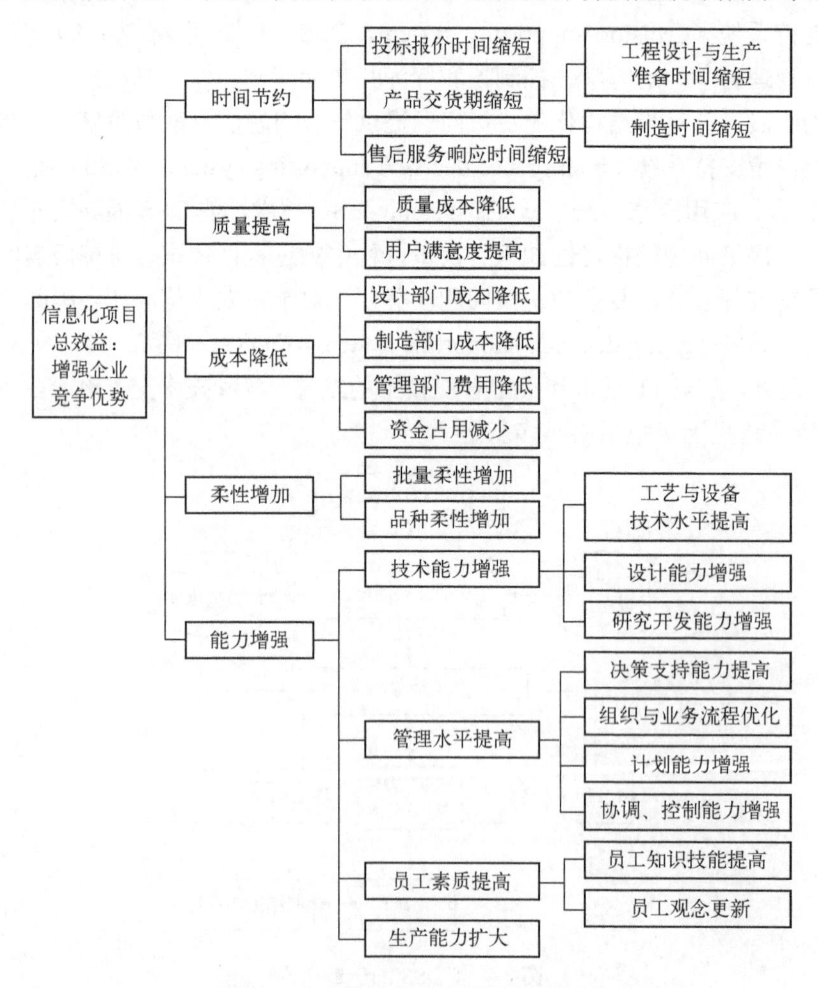

图 2.7 企业信息化综合评价指标体系

2.4　建模的 IDEF 方法族及重要特征

在建模方法上，目前最具影响力的两个建模方法族是 IDEF 系列建模方法和统一建模语言（UML）。前面章节已讲过 IDEF 是 ICAM DEFinition Method 的缩写，图 2.8 和表 2.1 分别给出了 IDEF 建模方法以及 IDEF0～IDEF14 的建模名称。在 2.3 节的概述中，已介绍了 IDEF 下建模方法族中许多重要的模型，这里就不再展开讨论了。

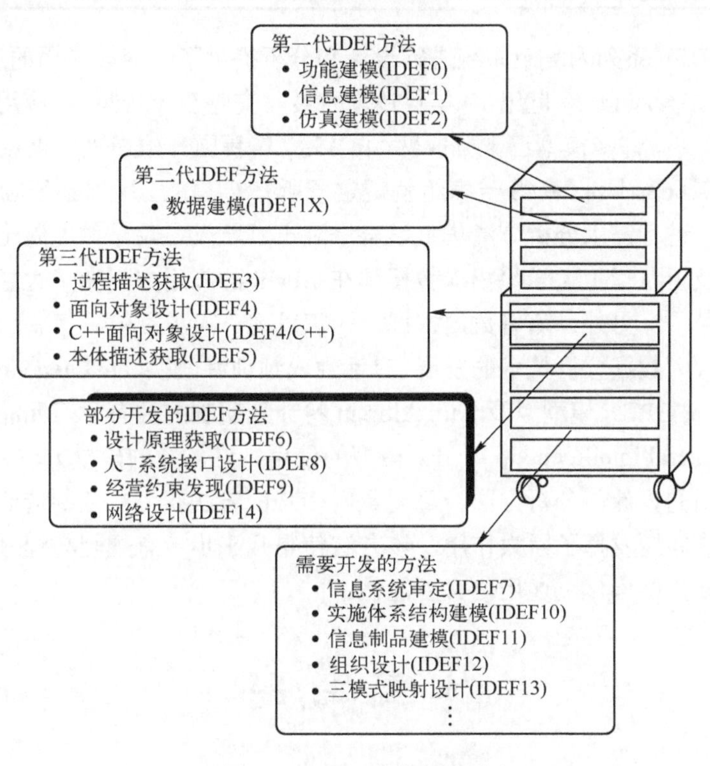

图 2.8　IDEF 建模方法图

表 2.1　IDEF 建模方法表

序号	英文代码	模型中文与英文名称
1	IDEF0	功能模型（Function Modeling）
2	IDEF1	数据模型（Data Modeling）
3	IDEF2	仿真模型设计（Simulation Model Design）
4	IDEF3	过程描述获取（Process Description Capture）
5	IDEF4	面向对象设计（Object-Oriented Design）
6	IDEF5	本体描述获取（Ontology Description Capture）
7	IDEF6	设计原理获取（Design Rationale Capture）
8	IDEF7	信息系统审定（Information System Auditing）
9	IDEF8	人-系统接口设计（Human-System Interface Design）——用户接口建模（User Interface Modeling）

续表

序号	英文代码	模型中文与英文名称
10	IDEF9	经营约束发现（Business Constraint Discovery）——场景驱动信息系统设计（Scenario - Driven IS Design ）
11	IDEF10	实施体系结构建模（Implementation Architecture Modeling）
12	IDEF11	信息制品建模（Information Artifact Modeling）
13	IDEF12	组织设计（Organization Design），组织建模（Organization Modeling）
14	IDEF13	三模式映射设计（Three Schema Mapping Design）
15	IDEF14	网络设计（Network Design）

应该讲，IDEF 系列为复杂系统进行设计和分析提供了一套较通用的设计分析方法，IDEF 方法中许多模型自 20 世纪 70 年代逐渐发展与完善至今，已广泛应用到了制造业的建模分析与设计中，许多模型已十分成熟。自 1990 年我国开始在工厂重点推广应用 CIM 技术以来，国家 863 计划 CIMS 专家组就规定了所有 CIMS 工厂都必须应用 IDEF0 方法建立功能模型，进行需求分析。清华大学吴澄院士、航天二院李伯虎院士、清华大学陈禹六教授，以及上海理工大学徐福缘教授都在 CIMS 的应用方面做了大量细致的研究与开拓发展工作[11-13]。另外，随着数据挖掘、知识发现、人工智能、互联网技术（internet technology，IT）、大数据分析技术的发展、对话生成预训练变换（chat generative pre-trained transformer，chat GPT）模型以及 Sam Altman 将计划研制的拥有学习元能力通用人工智能（artificial general intelligence，AGI）模型的使用，许多新的建模方法还会不断出现，但作为一套通用的设计与分析方法，毫无疑问 IDEF 方法族为复杂制造业的系统集成和信息集成的建模问题发挥了巨大作用，该方法使得几乎步步有规则与程序可循，它使得整个设计过程非常结构化、通用化、智能化。

本篇习题

1. 人机环境系统中，总体性能的 4 项指标是什么？试结合一个典型的人机环境系统的例子，说明这 4 项指标的具体含义？

2. 在机械设计中，常用 6 个投影视图表达一个三维机械零件的结构信息。图 2.1 和图 2.2 所给出的体系结构，有一个最大的共同点就是用多视图、多方位体系结构反映一个复杂的系统。应该讲这与机械制图中所采用的手段有些类同，只不过这里用的视图更多些。你对此有何理解？

3. 文献[8]从多个角度建立了反映人体各方面功能的人体模型。试从中举一个例子说明这个模型反映了人体的哪个功能特征。

4. 在多元统计与优化理论中，华罗庚等倡导的正交设计、均匀试验设计以及广义多元分析是非常有效的方法，华罗庚、王元和方开泰做了大量工作并有专著出版。另外，国外在多元统计分析方面也出版了许多著名专著，例如 B.G.Tabachnick 的《应用多元统计》以及 R.A.Johnson 的《实用多元统计分析》等。试扼要概述多元统计理论中的主成分分析、因子分析和聚类分析这三大分析方法。

5. 在系统工程学科中，人-机-环境系统工程的研究主要包括7个方面（如图2.9所示）。

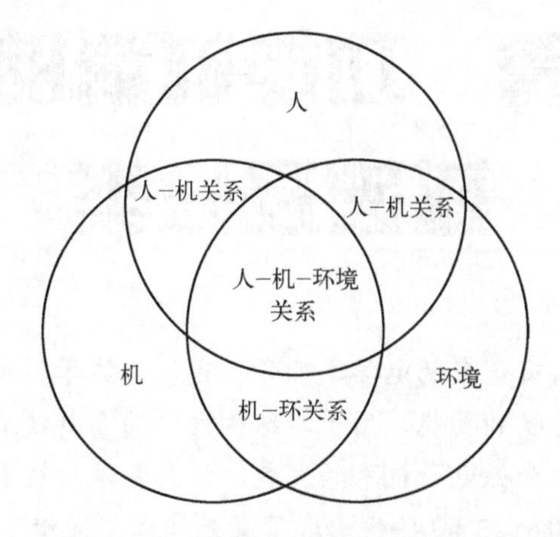

图2.9 人-机-环境系统工程研究范畴示意图

①人的特征研究；②机的特征研究；③环境的特征研究；④人-机关系的研究；⑤人-环关系的研究；⑥机-环关系的研究；⑦人-机-环境系统工程总体性能的研究；在安全工程学中，通常把上述7项内容概括为安全人机工程或称安全人机工程学，这其中“安全”已作为一大因素考虑其中；在航空航天科学与技术一级学科中，多称“人机与环境工程”，它是一级学科中下设的4个二级学科之一。在这个二级学科中，对人的研究更加关注。试举例说明航空医学与航天医学有哪些主要不同。

6. 在安全科学与工程一级学科中，下设：①安全科学；②安全技术；③安全系统工程；④安全与应急管理；⑤职业安全健康等二级学科。在材料科学与工程一级学科中，研究材料的阻燃问题便是个多学科交叉问题，它涉及工程热物理学科中的燃烧技术、涉及安全学科、更涉及“材料物理与化学”“材料学”“高分子材料与工程”等多个二级学科。因此，钱学森一直提倡解决工程问题要多学科交叉。试举例说明多学科交叉的重要性。

第二篇　功能材料的物理基础及分类

所谓功能材料是指具有优良的电学、磁学、光学、热学、声学、力学、化学和生物学等功能并且具有相互转换的功能，用于非结构目的的高新技术材料。从20世纪50年代开始，随着计算机技术和微电子技术的发展，信息科学与技术获得飞速进展，半导体材料得到跨越式发展；20世纪60年代出现了激光技术，促使了光学材料的发展；20世纪70年代后，以核能材料、新能源材料、生物医用材料、催化材料、信息材料等为代表的新材料迅速崛起，形成了如今较为完善的功能材料体系。目前，研究和开发材料的重点已从结构材料转向功能材料，它是当前许多先进国家关注的热点领域之一。功能材料的物理基础来源于理论物理[14]以及固体物理[15]、金属物理[16]、半导体物理[17]、介电物理[18]和高分子物理[19]等。由于功能材料涉及的物理基础相当广泛、涉及相当多的物理分支学科，而且涉及的面极广，故本章把功能材料分为八大类，这里仅将这八大类材料的共同物理基础，作概述并给出相关代表文献。本篇主要讨论了八大类材料的物理基础以及用5张表格列出功能材料分类与相应器件，并用两章予以系统概括。

第3章 功能材料的物理基础

3.1 材料导电问题的几个基本理论

在环境的作用下，具有电行为功能的材料称为电功能材料。人们对材料导电性物理本质的认识是从金属开始的，特鲁德及洛伦兹等人首先提出了经典自由电子理论，随着量子力学的发展，索末菲等人提出了量子自由电子理论。该理论与经典自由电子理论相比有了明显进步，但仍有许多现象无法解释，因此布洛赫等人又在此基础上提出了能带理论[20]。

（1）经典自由电子理论。

该理论成功推出了导体电导率的微观表达式，对于以电子导电为主的材料（如金属、重掺杂N型半导体等）可以推出载流子热导率 k_c 与 σ 间的关系（维德曼-弗兰兹公式）：

$$k_c = L\sigma T \tag{3.1}$$

式中：L 为洛伦兹常数；T 为热力学温度；对于大部分金属及重掺杂半导体，经推导得

$$L = \frac{1}{3}\left(\frac{\pi k_B}{e}\right)^2 \tag{3.2}$$

式中：k_B 为玻耳兹曼常数；e 为基本电荷。

（2）量子自由电子理论。

由粒子的波粒二象性可知，对于一价金属，自由电子的动能 E 为

$$E = \frac{1}{2}mv^2 = \frac{\hbar^2}{2m}K^2 \tag{3.3}$$

式中：m 为电子质量；v 为电子平均运动速度；$\hbar$ 为约化普朗特常数；$K = 2\pi/\lambda$ 为波数，λ 为波长。

式（3.3）表明电子的动能与波数 K 呈抛物线关系。另外，由量子自由电子理论可推出电导率 σ 的微观表达式为

$$\sigma = \frac{ne^2\tau_F}{2m} \tag{3.4}$$

式中：n 为载流子浓度；e 为基本电荷；m 为电子质量；τ_F 为弛豫时间。

（3）能带理论。

由能带理论[21]可知，材料的电导率 σ 为

$$\sigma = \frac{n^* e^2 \tau_F}{2m^*} \tag{3.5}$$

式中：n^*为有效载流子浓度；m^*为载流子有效质量；τ_F为弛豫时间。

欲了解更多材料导电方面基本理论和知识的读者，可参考文献[20]。

3.2 半导体的基本理论与特征

人类对半导体材料的认识是在 18 世纪发现电现象后，半导体的电学性能介于导体与绝缘体之间，即室温电阻率处于 $10^{-3} \sim 10^{10}\,\Omega \cdot m$ 范围内，禁带宽度 0.2～4.0 eV，并且半导体具有以下四大特征：

（1）第一大特征。本征半导体电导率σ可表示为

$$\sigma = q(\mu_e + \mu_h) K_1 T^{\frac{3}{2}} \exp\left(\frac{-E_g}{2K_B T}\right) \tag{3.6}$$

式中：q 为基本电荷量；μ_e 与 μ_h 分别为自由电子与空穴的迁移率；符号 $K_1 = 4.82 \times 10^{15} K^{-3/2}$；$T$ 为热力学温度；K_B 为波耳兹曼常数；E_g 为禁带宽度，不同半导体材料的 E_g 值也各有不同，例如纯硅 $E_g = 1.12\text{eV}$，单晶砷化镓 $E_g = 1.424\text{eV}$。

由式（3.6）可看出，若忽略 $T^{\frac{3}{2}}$ 项的影响，本征半导体的电导率σ随着温度升高电阻率反而下降，即电阻率温度系数为负值。

（2）第二大特征。光敏感性，产生光伏效应或者光电导效应，感兴趣的读者可参阅文献[17]。

（3）第三大特征。半导体一般具有较高的热电动势，能够制备小型热电制冷器。

（4）第四大特征。通常 N 型或者 P 型半导体独立存在时，都是电中性的，但制备半导体器件时，要将两种半导体连接在一起，于是在两者的结合处就形成 PN 结。PN 结是大部分半导体器件的核心单元，它的主要特征是单向导电性，反映了它的整流特性。

3.3 超导体的基本物理特性及临界参数间的关系

3.3.1 两个独立又相互联系的基本属性

超导态有两个独立又相互联系的基本物理属性，其中一个是零电阻效应，另一个是 Meissner（迈斯纳）效应，其中零电阻效应是 1911 年荷兰莱登大学的昂纳斯用汞（Hg）进行试验时发现的超导现象。后来，物理学家用最精确的方法也测不出超导态有任何电阻，确认了零电阻效应是超导体的一个基本物理特征。而 Meissner 效应是 1933 年德国物理学家 Meissner 和 Ochsenfield（奥森菲尔德）对锡单晶球超导体做磁场分布测量时发

现的超导态的另一个基本物理属性。他们发现，无论是先降温后加磁场，还是先加磁场后降温，只要锡球过渡到超导态，超导体内的磁通线似乎一下子被排斥出去，保持体内磁感应强度或者磁通密度等于零，这一性质便称作 Meissner 效应。理论分析表明，衡量一种材料是否具有超导电性，必须看其是否同时具有零电阻效应和 Meissner 效应。

3.3.2 3 个临界参数的关系

超导体有 3 个基本临界参数，即临界温度 T_c、临界磁场强度 H_c 和临界电流 I_c，3 个临界参数具有相互关联性，要使超导体处于超导状态，必须使这 3 个临界参数都满足规定的条件，任何一个条件遭到破坏超导状态随即消失，三者关系可用一个临界曲面表示，如图 3.1 所示。

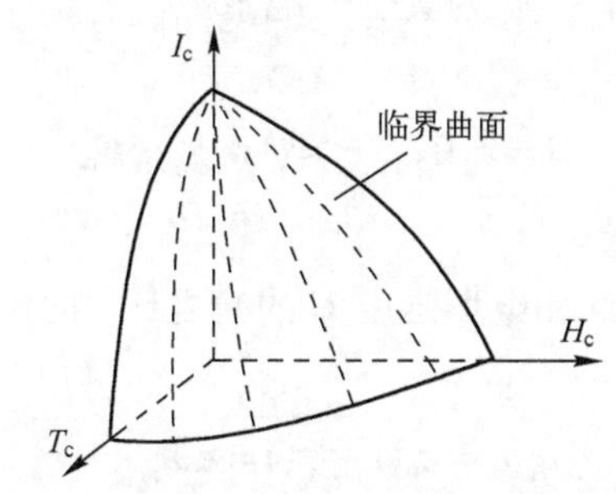

图 3.1 超导体 3 个临界参数间的关系图

3 个临界参数间的关系为

$$I_c = 2\pi r H_c = I_0\left[1-\left(\frac{T}{T_c}\right)^2\right] \tag{3.7}$$

式中：I_0 为绝对零度时的临界电流。

3.3.3 BCS 理论概述

1957 年，美国物理学家 Bardeen（巴丁）、Cooper（库柏）和 Schrieffer（施里弗）提出超导电性量子理论，后人称之为 BCS 超导微观理论。该理论是从微观角度对超导电性机理做出合理解释的最富有成果的探索。因此，他们 3 人于 1972 年获诺贝尔物理学奖。对于 BCS 理论感兴趣的读者，可参考文献[22]。

3.4 介电常数及介电物理学效应

导体中存在大量可以自由移动的载流子，达到静电平衡后导体内电势处处相等。当材料（例如云母片、塑料等）的电阻率超过$10^{10}\Omega\cdot\text{m}$时，静电场可以稳定地保留在材料中，这种材料为介电或绝缘体材料，这种不传递电势的性能称为介电性或绝缘性。这里应说明的是，介电性的另一层含义是电容性，即电荷能够储存在材料中，被束缚而不能自由移动；介的意思是存留，介电的含义即储存电荷。对于这类复杂电磁场的数值计算，最好采用有限元法（FEM）、时域有限差分法（FDTD）或者文献[23]给出的“多变量变分原理与多变量有限元方法”等。

3.4.1 电介质电位移矢量与电极化强度

对电介质施加外电场时会产生感生电荷，从而削弱电场。施加外电场 $\boldsymbol{E}_0$ 后，电介质产生极化，令电极化强度为 $\boldsymbol{P}$，单位是 $\mathrm{C \cdot m^{-2}}$；电极化强度 $\boldsymbol{P}$ 与外加电场强度 $\boldsymbol{E}_0$ 的关系为

$$\boldsymbol{P} = \chi_{\mathrm{e}} \varepsilon_0 \boldsymbol{E}_0 \tag{3.8}$$

式中：χ_{e} 为电介质的电极化率；ε_0 为真空介电常数。

由电介质物理学[24]知

$$\boldsymbol{D} = \varepsilon_0 \boldsymbol{E}_0 + \boldsymbol{P} = (1+\chi_{\mathrm{e}})\varepsilon \boldsymbol{E}_0 \tag{3.9}$$

式中：$\boldsymbol{D}$ 为电介质电位移矢量。

一般介电常数（即 ε）是 $\boldsymbol{D}$ 和电场强度 $\boldsymbol{E}$ 的模之比，而电介质内部的强度 $\boldsymbol{E}$ 为 $\boldsymbol{E}_0$ 的 $1/(1+\chi_{\mathrm{e}})$ 倍，于是有

$$\varepsilon = \varepsilon_0(1+\chi_e) = \varepsilon_0 \varepsilon_{\mathrm{r}} \tag{3.10}$$

式中：ε_{r} 为电介质的相对介电常数，即

$$\varepsilon_{\mathrm{r}} = 1 + \chi_{\mathrm{e}} \tag{3.11}$$

3.4.2 压电效应与热释电效应概述

压电效应是一种线性的机电转换效应，与介电效应和弹性效应一起决定压电晶体的机电性能。这里篇幅所限，对压电效应不作展开讨论。另外，热释电晶体具有自发极化特性，在热平衡状态下，这些表面束缚电荷被等量异性电荷所屏蔽；当温度升高时，平均自发极化减小，感生电荷量也减少，原先的自由电荷不能被完全屏蔽，于是通过外电路流入另一端产生电流；降温时电流的方向相反。同样，因篇幅所限，这里对热释电效应不作展开讨论，感兴趣者可参考文献[24]。

3.5 磁性材料的磁性来源及性质

3.5.1 材料的磁性来源

基于近代物理的理论与研究表明[15,25]，所有物质都是磁性体，磁性的强弱与物质原子磁矩有关。当原子中某一层电子层被排满时，电子的轨道运动与自旋运动均匀对称分布，角动量的矢量和为零，总磁矩便为零。只有当某一层原子层未被电子排满时，这时总磁矩才不为零，即原子对外显示磁矩。原子分子物理教科书中，对原子结构与磁性的

关系归纳为如下几点：①原子磁矩来源于电子的自旋和轨道运动；②原子内具有电子轨道未填满的电子是材料具有磁性的必要条件；③铁磁性材料的磁性主要体现在电子间的静电交换相互作用（又称交换耦合作用），即在铁磁材料中，相邻原子的原子之间存在的很强的自旋相互作用，在无外磁场作用时，电子自旋磁矩能在小区域内自发地平行排列，形成自发磁化达到饱和的微小区域，这些区域称“磁畴”。电子的“交换耦合作用”是材料具有强磁性的根本原因。

3.5.2　铁磁性材料的居里温度

利用磁畴理论可以解释铁磁材料的磁化过程、磁滞现象、磁滞损耗以及居里点等物理现象。当磁畴和外磁场方向的角度较小时，磁畴体积的扩展和磁畴区域的转向并不是逐渐进行的，而是在磁畴处的磁场达到一定强度 H 时突然进行的。当外磁场逐渐减小到零时，已被磁化的铁磁体内各个磁畴由于摩擦力的阻碍作用，也不能逆转恢复到磁化前的状态而表现出在磁体内保留部分磁性，即有剩磁现象。而在高温时，铁磁材料中分子的热运动会瓦解磁畴内磁矩的有序排列，当温度达到临界温度时，磁畴全部破坏，铁磁材料变为顺磁材料，这一温度称居里温度。不同铁磁材料的居里温度不一样，例如铁、铝镍钴和钴的居里温度分别为 770℃、860℃和 1121℃。

3.5.3　材料的磁化性质

磁化率 χ 反映了物质磁化的难易程度，是磁化强度 M 与外磁场强度 H 的比值，即有

$$\chi = \frac{M}{H} \tag{3.12}$$

磁导率 μ 是表征磁体磁性、导磁性和磁化难易程度的一个磁学量，磁导率 μ 等于磁介质中磁感应距度 B 与磁场强度 H 之比，即：

$$\mu = \frac{B}{H} \tag{3.13}$$

引入相对磁导率 μ_r 和真空磁导率 μ_0，即：

$$\mu_r = \frac{B}{B_0} \tag{3.14}$$

$$\mu_0 = \frac{B_0}{H} \tag{3.15}$$

式中：B_0 为真空时的磁感应强度。

于是磁介质的磁导率 μ 为

$$\mu=\mu_0\mu_r \tag{3.16}$$

相应地，磁化强度 M、磁场强度 H、磁感强度 B、磁导率 μ 和磁化率 χ 有如下关系：

$$M = \chi H = \frac{\chi}{1+\chi} \times \frac{B}{\mu_0} \tag{3.17}$$

表 3.1 给出一些代表性物质的磁化率，供使用时参考。因篇幅所限，有关材料的详细磁化性质不再给出，感兴趣者可参阅文献[26-27]等。

表 3.1　一些代表性物质的磁化率

磁性类型	元素/化合物	磁化率χ	磁化类型	元素/化合物	磁化率χ
顺磁性	Li	4.4×10^{-5}	铁磁性	铁晶体	1.4×10^{6}
	Na	6.2×10^{-6}		钴晶体	10^{3}
	Al	2.2×10^{-5}		镍晶体	10^{6}
	V	3.8×10^{-4}		3.5%Si-Fe	7×10^{4}
	Pd	7.9×10^{-4}		AlNiCo	10
	Nd	3.4×10^{-4}	亚铁磁性	Fe_3O_4	10^{2}
	空气	3.6×10^{-7}		各种铁氧体	10^{3}
抗磁性	Cu	-1.0×10^{-5}	反铁磁性	MnO	$0.69\chi(0)/\chi(T_N)$
	Zn	-1.4×10^{-5}		FeO	0.78
	Au	-3.6×10^{-5}		NiO	0.67
	Hg	-3.2×10^{-5}		Cr_2O_3	0.76
	H_2O	-0.9×10^{-5}			
	H	-0.2×10^{-5}			

3.6　光学材料的基本理论及相关效应

人类对光本质的认识，经历了微粒说→波动说→波粒二象性的长期争论和发展[28]。材料的光学性质和电学性质两者是密切相关的，光子和电子相互作用后各有所变化，光子会被吸收或改变频率、方向和相位，电子必然会发生能量和状态的改变，即材料的电性发生改变[29]。

当光与物质相互作用并发生能量、动量交换时，要将光视为具有确定能量和动量的粒子流，也就是说光是由以光速 c 传播的光子组成。光在传播空间的能量分布是不连续的，集中在一个光子上的能量 E 为[30]。

$$E = h\nu = h\frac{c}{\lambda} = \hbar\omega_c \tag{3.18}$$

并且有

$$\lambda\eta = 1，\ \lambda\nu = c \tag{3.19}$$

$$\nu = \frac{\omega_c}{2\pi} = \frac{c}{\lambda} = c\eta \tag{3.20}$$

$$\hbar = \frac{h}{2\pi} \tag{3.21}$$

式中：η，ω_c，λ，ν，h，$\hbar$ 分别为波数、角频率、波长、频率、普朗克常数和约化普朗克常数。光子能量与波长成反比，光波照射到物体上就相当于一串光子达到物体表面；如果电子吸收光子，每次总是吸收一个光子，或同时吸收两个甚至多个光子而不是只吸收光子能量的一部分[31]。

当光从一种介质进入到另一种介质时，将产生光的反射、折射、吸收与透射，如

图 3.2 所示。上述光的传播行为已在光学原理教材中有过详细分析，这里不予赘述。

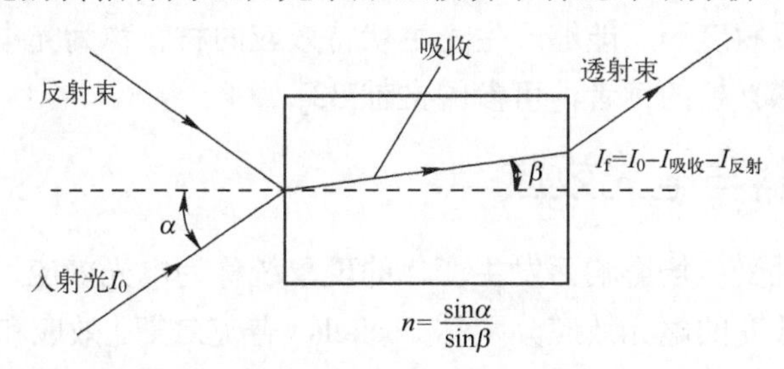

图 3.2　光与固体介质的作用

3.6.1　材料发光的激励方式与特征

材料以及某种方式辐射能量发射光子的过程称为材料的光发射，又称材料的发光。物体发光可分为平衡辐射和非平衡辐射，下面着重讨论材料的非平衡辐射。

（1）激励方式，通常有 3 种，即光致发光、阴极射线发光和电致发光。

① 光致发光是通过光的辐射将材料中的电子激发到高能态而导致的材料发光，光激励可以采用光频波段，也可用 X 射线和γ射线波段。

② 阴极射线发光是利用高能量电子轰击材料，通过电子在材料内部的多次散射碰撞，使材料中多种发光中心被激发或电离而发光的过程。

③ 电致发光是对绝缘发光体施加强电场导致发光，或者是从外电路将电子注入半导体的导带，导致载流子复合而发光。

（2）发光的 3 个特征。

① 发光颜色，发光的颜色可覆盖整个可见光域。

② 发光效率，用它表征材料的发光本领，效率常用 3 种方法度量：量子效率，功率效率，光度（即光通量）效率。

③ 发光寿命，又称荧光寿命或余辉时间，是指发光体在激发停止之后持续发光时间的长短。对于余辉时间是这样规定的：从激光停止时发光强度 I_0 衰减到 $I_0/10$ 的时间。可以根据余辉时间的长短把发光材料归于超短余辉（<1μs）、短余辉（1～10μs）、中短余辉（10^{-2}～1ms）、中余辉（1～100ms）、长余辉（0.1～1s）和超长余辉（>1s）六个范围。

短余辉材料常应用于计算机的显示器，长余辉和超长余辉材料常用于夜光钟表字盘、夜间节能告示板、紧急照明等。

3.6.2　光电效应的分类及服从的物理定律

当材料受到光照后，电导率改变、发射电子、产生感应电动势等，这种由光辐射所导致的电性变化现象称为光电效应。光电效应可分为外光电效应和内光电效应。外光电效应又称作光电发射效应；内光电效应又分为光电导效应和光生伏特效应。

（1）外光电效应可以用两条基本定律来描述，一条是托列托夫定律，另一条是爱因斯坦定律。这两条定律的数学表达式不再列出，感兴趣者可参考文献[29，32]。

（2）内光电效应，其中表征光电导主要特性的参量包括灵敏度、长波限（波长的长度限制）以及光谱灵敏度等。能够产生光生伏特效应的材料称为光电池材料，也称太阳能电池。对该效应感兴趣的读者，可参阅文献[33]。

3.6.3 电光材料与电光效应

物质的光学特性受电场影响而发生变化的现象统称为电光效应，其中物质的折射率受电场影响而发生改变的电光效应分别称 Pockels（普克尔斯）效应和 Kerr（克尔）效应。这里 Pockels 效应是指，当压电晶体受光照射并在入射光垂直方向上加上高电压时，晶体将呈现双折射现象；而电光 Kerr 效应是指，在与入射光垂直的方向上加高电压，各向同性体便呈现出双折射特征。这时，一束入射光变成两束出射光的现象。

电光材料大部分是晶体，可以用于制备可实现高速调谐的光通信器件，如电光调制器、光开关、波长转换器等，可实现激光通信、激光测距、激光显示、激光雷达、电光快门以及激光器的 Q 开关等。

3.7 热电材料的 3 种效应及相互关联

热电材料是一种可以直接实现电能与热能相互转换的功能材料，利用该材料可将工业余热、汽车尾气废热等低品位的热量直接转换为电能，也可对各种高端电子元件实现精确固态制冷。与传统内燃机（或空调）的发电（或制冷）方式不同，该技术的能量转换过程主要基于 Sebek（赛贝克）效应[或 Peltier（珀尔贴）效应]，并且依赖于材料内部载流子（电子或空穴）的定向迁移而非化石燃料的燃烧（或制冷剂的汽化/冷凝）过程。基于该技术研制的温差发电或者制冷装置，具有结构简单、耐用、无噪声、无污染等优点。下面着重介绍 Sebek（赛贝克）效应、Peltier（珀尔贴）效应以及 Thomson（汤姆逊）效应。

3.7.1 Sebek 效应

如图 3.3 所示，将两段不同材质的导体或者半导体 A、B 串联成一段回路，且使两个接头分别保持不同的温度 T_1 与 T_2（$T_1 > T_2$），于是在回路中将产生热电势 ε_{12}，这种由温差引起的电效应称作 Sebek 效应。

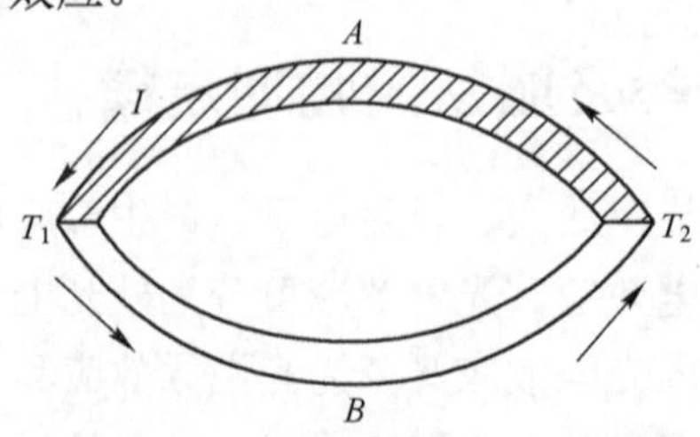

图 3.3 Sebek 效应原理示意图

$$\varepsilon_{12}=S_{AB}(T_1-T_2)=S_{AB}\Delta T \tag{3.22}$$

如果 T_1 与 T_2 差异较小，则 S_{AB} 视为常数，并称 S_{AB} 为两种材料的相对 Sebek 系数，即：

$$S_{AB}=\lim_{\Delta T\to 0}\frac{\varepsilon_{12}}{\Delta T}=\frac{\mathrm{d}\varepsilon_{12}}{\mathrm{d}T} \tag{3.23}$$

并且规定：电流在热端由材料 A 流入材料 B 时，Sebek 系数为正值；反之为负值。

由文献[34]知

$$V_{12}(T)=V_2-V_1+\frac{K_{\mathrm{B}}T}{e}l_n\left(\frac{n_1}{n_2}\right) \tag{3.24}$$

式中：V_1 与 V_2 分别为两种金属的逸出电势；n_1 和 n_2 分别为两种金属的自由电子浓度；K_{B} 为玻耳兹曼常数；T 为温度；e 为基本电荷量；$V_{12}(T)$ 为对应于 T 时的接触电势差。

另外，回路的热电势 ε_{12} 为

$$\varepsilon_{12}=V_{12}(T_1)-V_{12}(T_2) \tag{3.25}$$

3.7.2 Peltier 效应

如图 3.4 所示，当直流电流流经由两种不同导体形成的串联回路时，除了产生不可逆的焦耳热，还会在两个接头处分别产生吸热或放热现象，且单位时间内产生的热量 Q 与回路中的电流 I 成正比，这种由电流导致的可逆热效应称为 Peltier 效应，其表达式为

$$\frac{\mathrm{d}Q}{\mathrm{d}t}=\pi_{AB}I \tag{3.26}$$

式中：Q 为热量；t 为时间；I 为电流；π_{AB} 为两种材料的相对 Peltier 系数。

这里规定：当电流在接头处 1 由材料 A 流入材料 B 时，若在该接头处产生吸热现象时，则 Peltier 系数为正值，否则为负值。

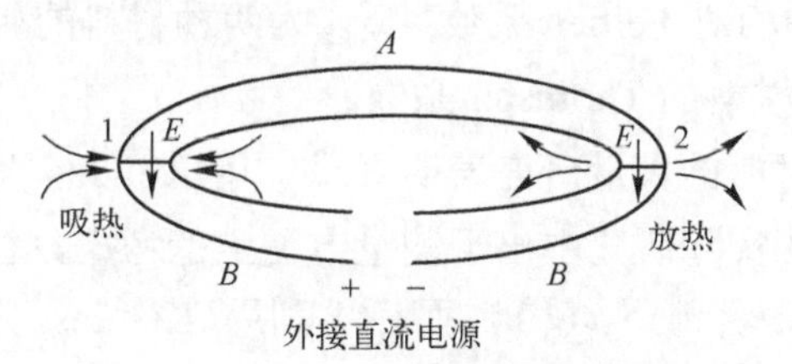

图 3.4　Peltier 效应原理示意图

这里要特别强调的是，Peltier 效应与常见的 Joule（焦耳）效应存在本质上的差别，Peltier 效应的吸、放热状态主要取决于材料的自身物理特性以及回路中电流的方向，该过程在热力学上是可逆的，若电流方向相反时，则原来吸热头便会放热，原来放热头就会吸热。Joule 热效应与电流方向无关。利用 Peltier 效应可以实现固态制冷（即一端吸热，另一端放热），而利用 Joule 热效应只能制热。

3.7.3 Thomson 效应

Thomson 效应是一种存在于单一均匀材料中的热电效应。当某一均匀材料的两端存

在温差且内部有电流通过时，导体除了产生 Joule 热外，还要吸收或释放一部分可逆热，这部分热差称为 Thomson 热。在单位时间和单位横截面积内产生的 Thomson 热差为

$$\frac{\mathrm{d}Q}{\mathrm{d}t}=\tau I\frac{\mathrm{d}T}{\mathrm{d}x} \tag{3.27}$$

式中：Q 为热量；t 为时间；I 为电流；$\frac{\mathrm{d}T}{\mathrm{d}x}$ 温度梯度；τ 为 Thomson 系数。

这里规定当电流方向与温度梯度方向一致时，若材料吸热则 Thomson 系数 τ 为正，反之为负值。图 3.5 给出了 Thomson 效应原理示意图。

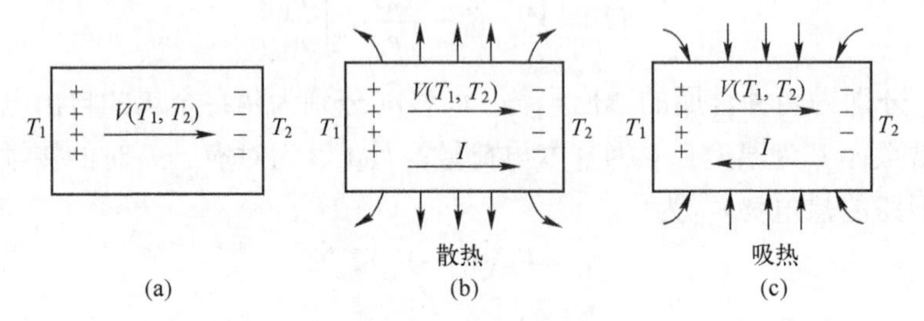

图 3.5　Thomson 效应原理示意图（$T_1>T_2$）

（a）无外加电流；（b）外加电流由高温端流向低温端；（c）外加电流由低温端流向高温端。

3.7.4　3 种效应之间的关联

Sebek 系数、Peltier 系数和 Thomson 系数是表征材料热电性能的重要参数，三者之间的关系可由 Kelvins（开尔文）关系式予以表述：

$$\pi_{AB}=S_{AB}T \tag{3.28}$$

$$\tau_A-\tau_B=T\frac{\mathrm{d}S_{AB}}{\mathrm{d}T} \tag{3.29}$$

式中：π_{AB} 为两种材料的相对 Peltier 系数；S_{AB} 为两种材料的相对 Sebek 系数；T 为温度；τ_A 和 τ_B 分别为两种材料的 Thomson 系数。

关于金属及半导体材料的大量研究表明[35-36]，用 Kelvins 关系式描述 3 个效应之间的关联是可行的。因此在实际研究中出于测量方便上的考虑，往往是通过实验测量获得不同温度下材料的 Sebek 系数 $S_{AB}(T)$，而后再利用 Kelvins 关系式求出相应温度下的 Peltier 系数 $\pi_{AB}(T)$ 以及 Thomson 系数 τ_A 与 τ_B。

3.8　热敏材料及性能参数的计算

由于材料的物理特性基本上是随着温度的升高而变化，因此从广义讲都是热敏性质，但从狭义讲热敏材料多是指材料的电阻率或电导率随着温度而变化的那类功能材料。如果不加特殊说明，热敏材料指的是热敏电阻材料。

3.8.1　两类热敏电阻材料

热敏电阻一般分为两类：一类是正温度系数（PTC）热敏电阻，即电阻率随着温度

的升高而急剧增大；另一类是负温度系数（NTC）热敏电阻，即电阻率随着温度的升高而减小。通常，PTC 电阻比 NTC 电阻的温度系数大几个数量级，PTC 的电阻值随着温度升高迅速增大。由于 PTC 热敏电阻的电阻率随着环境温度升高迅速增大，而且当电流过载时令产生大量的焦耳热，进一步使电阻升温，电阻急剧增大，正是这种性质，PTC 热敏电阻常被用于电流保护电路[37-38]。当温度降低时，电阻会再度减小。因此，它是一种可重复使用的电流过载保护材料，这是它与熔丝最大的区别。而 NTC 热敏电阻常用于保证电路稳定工作，其工作的原理可参阅相关热敏电阻器的一般教科书，这里不予赘述。

3.8.2 热敏电阻的主要性能

热敏电阻-温度特征是指电阻的实际电阻 R_T 与温度 T 之间的关系，对于 PTC 热敏电阻有

$$R_T = R_0 \mathrm{EXP}(aT) \tag{3.30}$$

对于 NTC 热敏电阻有

$$R_T = R_0 \mathrm{EXP}\left(\frac{b}{T}\right) \tag{3.31}$$

式中：a，b 与 R_0 在某一温度范围内近似为常数。

对于 PTC 热敏电阻，电阻温度系数 α_T 为

$$\alpha_T = \frac{1}{R_T} \times \frac{\mathrm{d}R_T}{\mathrm{d}T} = a \tag{3.32}$$

对于 NTC 热敏电阻，电阻温度系数 α_T 为

$$\alpha_T = \frac{1}{R_T} \times \frac{\mathrm{d}R_T}{\mathrm{d}T} = -\frac{b}{T^2} \tag{3.33}$$

由式（3.33）可知，NTC 热敏电阻的电阻温度系数为负值，且 $|\alpha_T|$ 随着温度升高而减小，也就是说低温时 NPT 热敏电阻的电阻温度系数的绝对值要比常规的电阻丝高很多，所以 NTC 热敏电阻常用于中低温区的温度测量，其测量范围一般为-100~300℃。

图 3.6 绘出了不同类型热敏电阻的电阻-温度特性曲线，其中曲线 1 与曲线 2 为 PTC 热敏电阻，曲线 3 与曲线 4 为 NTC 热敏电阻。由该图可知，曲线 2 与曲线 3 的线性度要高一些，因此具有该类电阻-温度特性曲线的热敏电阻适用于温度测量。与之相反，曲线 1 与曲线 4 的非线性度更高，所以这类热敏电阻适用于电路的温控开关。

因篇幅所限，对于电压-电流特性以及电流-时间特性的分析这里不作赘述，感兴趣者可参考相关文献与资料，例如文献[37-38]等。在结束本节讨论之前，略讨论一下临界温度热敏电阻（CTR），它是 NTC 热敏电阻中的一个特例，在某一温度附近，其阻值随着温度的升高急剧减小，即其电阻温度系数是一个绝对值很大的负值。CTR 通常是由 Ba、V、Sr、P 等元素氧化物的混合烧结体，它是一种半导体，其阻值变化的临界温度与材料的掺杂状况（例如掺杂 Ge、Mo、W 等元素）有关。CTR 的阻值通常为 $10^3 \sim 10^7 \Omega$，如图 3.6 中的曲线 4 所示。

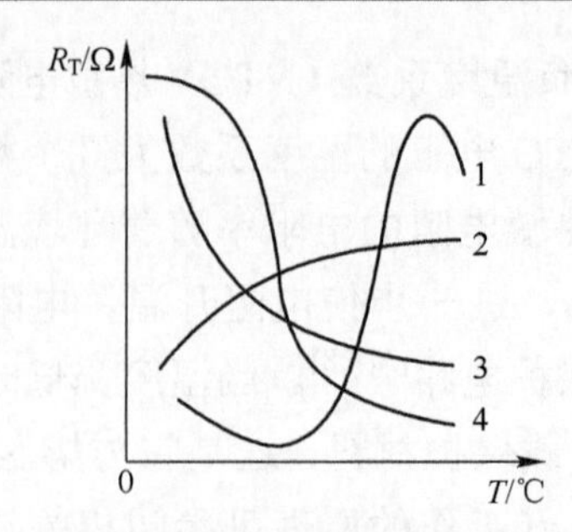

图 3.6　不同类型热敏电阻的电阻-温度特性曲线

1—突变型 PTC 电阻；2—线性型 PTC 电阻；3—负指数型 NTC 电阻；4—突变型 NTC 电阻。

第4章　功能材料分类及相关器件

从不同的角度出发，功能材料有不同的分类方法。通常可按材料性质、结构、使用性能、材料用途等进行分类，例如功能材料按材料性质可分为金属材料、陶瓷材料、高分子材料以及复合材料。如按性能可分为力学材料、热学材料、光学材料、声学材料、磁学材料、电学材料、生物医学材料、流变学材料等各学科性能的材料。再如按功能可分为耐高温材料、抗低温材料、超导材料、半导体材料、磁性材料、生物医用材料、智能材料、储氢材料、组织工程材料、功能纤维、药物载体等。正由于功能材料种类繁多，涉及面很广，而且分类暂无公认的统一标准，因此如何用最小的篇幅将功能材料进行合适的分类并且方便读者查阅，便是一个亟待解决的问题。本章给出了以“电”“磁”“光”为主线并格外关注“功能转换”材料与“能源”材料这最重要的两大类材料，将它们归纳成5张表格，大致给出了功能材料分类的一个新的尝试，希望能方便读者们的使用。

4.1　电性材料与相关器件

电性材料的种类繁多，分类也较复杂，通常可以按电导率大小将电性材料划分为导体材料、半导体材料、绝缘体材料和超导体材料，这也是材料固有电性能的表现。表4.1给出了电性材料的分类及相关器件。

表4.1　电性材料的分类及相关器件

电性材料与器件	传统导电材料与相关器件（见表4.2） 半导体材料与相关器件（见表4.6） 绝缘材料与相关器件（见表4.9） 超导体材料与相关器件（见表4.10）

表4.2　导电材料的分类及相关器件

	导电材料	相关器件
导电材料与相关器件	铜及铜合金（相关的性能见表4.3） 铝及铝合金（相关的性能见表4.4） 其他纯金属及合金（相关的性能见表4.5） 电阻材料（精密电阻合金、膜电阻材料、电热器用电阻材料） 其他导电材料（碳材料、导电高分子材料）	引线框架、铝合金电缆、绕线电阻器、热电阻温度传感器等

表4.3　典型铜合金的性能

合金	代号	电导率/%IACS	抗拉强度/MPa	条件屈服强度/MPa	可塑性	焊接性	耐腐蚀性
黄铜	H95	57	320	390	较高	良好	好
	H90	44	245	400	较高	良好	好
	H85	37	390	450	较高	良好	好

续表

合金	代号	电导率/%IACS	抗拉强度/MPa	条件屈服强度/MPa	可塑性	焊接性	耐腐蚀性
黄铜	HPb63-3	26	430	500	较低	一般	一般
	HSn62-1	26	380	550	一般	一般	良好
青铜	QSn4-3	18	350	—	较高	良好	良好
	QMn1.5	—	210	—	较高	良好	良好
	QA15	—	580	540	高	较低	良好

表 4.4　典型铝及铝合金的性能

合金	代号	电导率/%IACS	抗拉强度/MPa	条件屈服强度/MPa	可塑性	焊接性	耐腐蚀性
1×××系（纯铝）	1A60	62	95～125	≥75	高	良好	良好
	1A50	61	95～125	≥75	高	良好	良好
	1C00	64	95～125	≥75	高	良好	良好
2×××系 铝-铜	2A14	50	≥440				
	2A24	50	≥390	≥245			
3×××系 铝-锰	3A03	50	140～180	≥115	高	良好	良好
	3A04	41	150～285		高	良好	良好
	3A05	50	140～180	≥115	高	良好	良好
4×××系 铝-硅	4A32	40	380	315			良好
5×××系 铝-镁	5A05	50	155～195	≥125	高	良好	良好
	5A52	37	173～244	≥70	高	良好	良好
	5B54	32	≥215	≥85	高	良好	良好
	5A83	29	≥270	≥110	高	良好	良好
6×××系 铝-镁-硅	6A61	47	≥205	≥55.2	优良	良好	良好
	6A63	58	≥250	≥110	优良	良好	良好
7×××系 铝-锌	7A75	40	≥560	≥495			

表 4.5　室温下部分纯金属的电导率

纯金属	电导率/(S·m^{-1})	纯金属	电导率/(S·m^{-1})
银（Ag）	6.30×10^7	铁（Fe）	1.03×10^7
铜（Cu）	5.80×10^7	铂（Pt）	0.94×10^7
金（Au）	4.25×10^7	钯（Pd）	0.92×10^7
铝（Al）	3.45×10^7	锡（Sn）	0.91×10^7
镁（Mg）	2.20×10^7	钽（Ta）	0.8×10^7
锌（Zn）	1.70×10^7	铬（Cr）	0.78×10^7
钴（Co）	1.60×10^7	铅（Pb）	0.48×10^7
镍（Ni）	1.46×10^7	锆（Zr）	0.25×10^7

4.1.1　半导体材料与相关的器件

20 世纪 30 年代初，量子力学中的固体能带理论揭示了半导体的本质，为半导体材料和器件的发展奠定了坚实的理论基础。半导体材料经历了四代的发展，第一代半导体材料主要是硅（Si）和锗（Ge）；第二代主要是化合物半导体材料，如砷化镓（GaAs）、磷化铟（InP）等；第三代为宽禁带的直接带隙半导体材料，如碳化硅（SiC）、氮化镓（GaN）等；第四代半导体包括超晶格（包括组分超晶格、掺杂超晶格和应变超晶格）、量子（阱，点，线）结构、多孔结构等微结构材料。表 4.6 给出了典型的半导体材料以及相应器件。

表 4.6　半导体材料的分类及相关器件

<table>
<tr><td rowspan="5">半导体材料与相关器件</td><td colspan="2">半导体材料</td><td>相关器件</td></tr>
<tr><td colspan="2">第一代半导体材料（硅、锗的物理性质见表 4.7）</td><td rowspan="4">双极型晶体管、MOS 场效应晶体管等</td></tr>
<tr><td>第二代半导体材料</td><td rowspan="3">典型的半导体材料见表4.8</td></tr>
<tr><td>第三代半导体材料</td></tr>
<tr><td>第四代半导体材料</td></tr>
</table>

表 4.7　硅、锗的主要物理性质

物理性质	硅	锗	物理性质	硅	锗
原子序数	14	32	熔化潜热/($J\cdot mol^{-1}$)	39565	34750
相对原子质量	28.08	72.60	介电常数	11.7	16.3
密度/(10^{22}个$\cdot cm^{-3}$)	5.22	4.42	禁带宽度/eV　0K	1.153	0.75
晶格常数/nm	0.5431	0.5657	禁带宽度/eV　300K	1.106	0.67
密度/($g\cdot cm^{-3}$)	2.329	5.323	电子迁移率/($cm^2\cdot V^{-1}\cdot s^{-1}$)	1350	3900
熔点/℃	1417	937	空穴迁移率/($cm^2\cdot V^{-1}\cdot s^{-1}$)	480	1900
沸点/℃	2600	2700	电子扩散系数/($cm^2\cdot s^{-1}$)	34.6	100.0
热导率/($W\cdot cm^{-1}\cdot ℃^{-1}$)	1.57	0.60	空穴扩散系数/($cm^2\cdot s^{-1}$)	12.3	48.7
比热容/($J\cdot g^{-1}\cdot ℃^{-1}$)	0.695	0.314	本征电阻率/($\Omega\cdot cm$)	2.3×10^5	46
线热胀系数/($10^{-6}℃^{-1}$)	2.33	5.75	本征载流子密度/cm^{-3}	1.5×10^{10}	2.4×10^{13}

表 4.8　典型的半导体材料

种类	代表材料
元素半导体	Si、Ge 等
化合物半导体	GaAs、GaP、InP、GaN、SiC、ZnS、ZnSe、GdTe、PbS、$CuInSe_2$、$Cu(InGa)Se_2$、Cu_2ZnSnS_4 等
固溶体半导体	GaInAs、HgGdTe、SiGe、GaAlInN、InGaAsP 等
非晶及微晶半导体	a-Si:H、a-GaAs、Ge-Te-Se、μc-Si:H、μc-SiC 等
微结构半导体	纳米 Si、GaAlAs/GaAs、InGaAs(P)/InP 等超晶格及量子（阱、点、线）微结构材料
有机半导体	C_{60}、萘、蒽、聚苯硫醚、聚乙炔等

在表 4.5 中，MOS 场效应晶体管中 MOS 是金属-氧化物场效应管（metal-oxide-semiconductor field-effect transistor，MOSFET）的缩写。

4.1.2　绝缘体材料与相关的器件

绝缘材料是指电阻率很高的一类特殊介电材料，在室温时通常电阻率$\geqslant10^8\Omega\cdot m$，

表 4.9 给出了绝缘材料的分类及相关器件。

表 4.9　绝缘体材料的分类与相关器件

绝缘体材料与相关器件	绝缘体材料	相关器件
	常规绝缘材料（包括绝缘陶瓷、绝缘聚合物）、拓扑绝缘材料 特殊绝缘材料	氧化铝集成电路陶瓷基板、云母陶瓷绝缘子等

4.1.3　超导体材料与相关器件

1908 年荷兰科学家昂纳斯成功获得 4K 的低温时气体氦变成了液体。1911 年发现在 4.2K 附近，水银电阻突然为零，即显示出超导性。1911 年到 1986 年从水银的 4.2K 提高到 Nb_3Ge 的超导温度为 23.22K；1987 年日本科学家将超导温度分别提高到 43K、46K 和 53K。我国赵忠贤和陈立泉研究组也获得了 48.6K 的超导材料，美籍华裔科学家朱经武和吴茂昆获得了 98K 的超导材料；1987 年 3 月 3 日日本宣布发现 123K 的超导材料。另外，日本鹿儿岛大学发现由镧、锶、铜、氧组成的陶瓷材料在 287K 存在超导迹象。2012 年德国莱比锡大学宣布石墨颗粒在室温下能表现出超导性。如果像石墨粉这样便宜的材料能在室温下实现超导，将引发一次新的现代工业革命。表 4.10 给出了超导体材料与相关器件。

表 4.10　超导体材料与相关器件

超导体材料与相关器件	超导体材料	相关器件
	（1）低温超导体材料，包括元素超导材料（见表 4.11）、合金超导体材料（见表 4.12）、化合物超导材料（见表 4.13）； （2）高温超导体材料包括氧化物超导材料（见表 4.14）、非氧化物超导体材料	磁流体发电机大型磁体，YBCO 超导线，超导量子干涉仪，高速列车超导磁悬浮装置

表 4.11　部分超导元素的临界温度和临界磁场强度（常压下）

元素	Nb	Te	Pb	β-La	V	Ta	α-Hg
T_c/K	9.26	8.22	7.201	5.98	5.3	4.48	4.15
H_c/(A·m^{-1})	155177	112205	63901	123325	81170	66050	32786
元素	β-Sn	In	Tl	Al	W	Rb	
T_c/K	3.72	3.416	2.39	1.174	0.012	0.0002	
H_c/(A·m^{-1})	24590	23316	13608	7878	—	—	

表 4.12　部分合金的临界温度和临界磁场强度

材料	Nb-25Zr	Nb-75Zr	Nb-60Ti-4Ta	Nb-70Ti-5Ta	Nb-25Ti	Nb-60Ti
T_c/K	11.0	10.8	9.9	9.8	9.8	9.3
H_{c_2}/(kA·m^{-1})	7242	62628	9868	10186	5809	9152

表 4.13　部分化合物的临界温度和临界磁场强度

材料	Nb_3Ge	$Nb_3Al_{0.75}Ge_{0.25}$	Nb_3Al	Nb_3Sn	V_3Si	NbN	V_3Ga
T_c/K	23.2	21.0	18.8	18.1	17.0	17.0	16.8
H_{c_2}/(kA·m^{-1})	—	33522	23873	1950	—	11141	19099

表 4.14　高温超导体材料的临界温度

超导体材料		T_c/K	超导体材料		T_c/K
$YBa_2Cu_3O_y$	$y \leqslant 7.0$	93	$Tl_2Ba_2Ca_{n-1}Cu_nO_{2n+2.5}$	n=2	90
$YBa_2Cu_4O_y$	$y \leqslant 8.0$	80		n=4	122
$Bi_2Sr_2Ca_{n-1}Cu_nO_{2n+4}$	n=1	90		n=5	117
	n=2	110	$HgBa_2Ca_{n-1}Cu_nO_{2n+2.5}$	n=1	94
	n=3	122		n=2	123
	n=4	119		n=3	134

4.2　磁性材料与相关器件

磁性材料可分为金属磁性材料和铁氧体磁性材料。另外，根据形态不同，磁性材料又可分为粉体材料、液体材料、块体材料、薄膜材料。根据功能的不同，磁性材料又可分为软磁材料、硬磁材料和功能磁性材料，其中功能磁性材料又可分为磁致伸缩材料、磁记录材料、磁电阻材料、磁泡材料、磁光材料、旋磁材料以及磁性薄膜材料等。表 4.15 给出了磁性材料的分类及相关器件。

表 4.15　磁性材料分类及相关器件

磁性材料与器件	软磁材料与相关器件（见表 4.16） 硬磁材料与相关器件（见表 4.20）

表 4.16　软磁材料与相关器件

软磁材料与相关器件	金属软磁材料（相关的性能见表 4.17 和表 4.18） 铁氧体类软磁材料（相关的性能见表 4.19） 非晶态软磁材料 纳米晶软磁材料	相关器件，例如高频磁放大稳压器，计算机磁记录器件

表 4.17　常见电工纯铁的性能与应用

种类	成分/%（质量分数）	$\rho/(10^{-8}\Omega \cdot m)$	$H_c/(A \cdot m^{-1})$	$10^{-3}\mu_i$	$10^{-3}\mu_{max}$	B_s/T	主要用途
工业纯铁	杂质<0.5	10.0	48～88	0.2～0.3	6～9	2.15	电磁铁铁芯 磁极继电器
阿姆克铁	杂质<0.08	10.7	4～20	0.3～0.5	10～20	2.16	电磁铁铁芯 磁极继电器
Cioffi 纯铁	杂质<0.05	10.0	0.8～3.2	10～25	200～340	2.16	电磁铁铁芯 磁极继电器
低碳钢板	0.01C 0.35Mn 0.01P 0.02S	12.0	200～224		2.4～3.0	2.12	小型电动机

表 4.18　常用硅钢的磁性质

类别	牌号	厚度/mm	最小磁感应强度 T （H=800A・m^{-1}，50Hz）	最大铁损/ （W・kg^{-1}） $P_{1.7}$，50Hz
普通取向硅钢	23Q110	0.23	1.78	1.10
	23Q130	0.23	1.75	1.30
	27Q130	0.27	1.78	1.30
	35Q155	0.35	1.78	1.55

续表

类别	牌号	厚度/mm	最小磁感应强度 T（H=800A·m^{-1}，50Hz）	最大铁损/（W·kg^{-1}）$P_{1.7}$，50Hz
高磁导率取向硅钢片	23QG085	0.23	1.85	0.85
	23QG100	0.23	1.85	1.00
	27QG090	0.27	1.85	0.95
	30QG110	0.30	1.88	1.10
	35QG135	0.35	1.88	1.35

表 4.19 铁氧体、非晶材料、纳米材料磁性质对比

磁性能	铁氧体	非晶		纳米晶
	MnZn	铁基（FeMSiB）	钴基（CoFeMSiB）	Finemet
B_s/T	0.44	1.56	0.53	1.35
H_c/(A·m^{-1})	8.0	5.0	0.32	1.3
B_r/B_s	0.23	0.65	0.50	0.60
P_c/(kW·m^{-3})	1200	2200	300	350
$\lambda_S/10^{-6}$		27	～0	2.3
T_c/℃	150	415	180	570
ρ/(Ω·m)	0.20	1.4×10^{-6}	1.3×10^{-6}	1.1×10^{-6}
$d_s\times10^{-3}$/(kg·m^{-3})	4.85	7.18	7.7	7.4

表 4.20 硬磁材料与相关器件

	硬磁材料	相关器件
硬磁材料与相关器件	金属硬磁合金（相关的性能见表 4.21 和表 4.22） 铁氧体硬磁材料（相关的性能见表 4.23） 稀土硬磁材料（相关的性能见表 4.24） 复合硬磁	稀土永磁电机、永磁铁氧体扬声器

表 4.21 典型淬火硬化型硬磁合金性能

种类	成分（质量分数）/%	B_r/T	H_c/(A·m^{-1})	$(BH)_{max}$/(kJ·m^{-3})
碳钢	0.9C，余 Fe	0.95	0.40	1.59
钨钢	0.7C、0.3Cr、6W、余 Fe	1.05	0.53	2.39
铬钢	0.9C、3.4Cr、余 Fe	0.90	0.44	1.99
钴钢	0.7C、4Cr、7W、35Co，余 Fe	1.20	2.07	7.96
铝钢	2C、8Al，余 Fe	0.60	1.60	3.98

表 4.22 典型铁铬钴合金的磁性能

牌号	类别	B_r/T(Gs)	H_c/kA·m^{-1}(Oe)	$(BH)_{max}$/kJ·m^{-3}(MGs·Oe)
2J83	各向异性	1.05（10500）	48（600）	24～32（3.0～4.0）
	各向同性	0.60～0.75（6000～7500）	38～43（475～538）	8～10（1.0～1.3）
2J84	各向异性	1.20（12000）	52（650）	32～40（4.0～5.0）
	各向同性	0.75～0.85（7500～8500）	39～45（488～563）	10～15（1.3～1.9）
2J85	各向异性	1.30（1300）	44（550）	40～48（5.0～6.0）
	各向同性	0.80～0.90（8000～9000）	36～42（450～525）	10～13（1.3～1.6）

表 4.23　常见铁氧体硬磁的磁性能

材料牌号	B_r		$_BH_c$		$(BH)_{max}$	
	Wb · m^{-3}	Gs	kA · m^{-1}	Oe	kJ · m^{-2}	MGs · Oe
Y10T	>0.20	>2000	128～160	1600～2000	6.4～9.6	0.8～1.2
Y15	0.28～0.36	2800～3600	128～192	1600～2400	14.3～17.5	1.8～2.2
Y20	0.32～0.38	3200～3800	128～192	1600～2400	18.3～21.5	2.3～2.7
Y25	0.35～0.39	3500～3900	152～208	1900～2600	22.3～22.5	2.8～3.2
Y30	0.38～0.42	3800～4200	160～216	2000～2700	26.3～29.5	3.3～3.7
Y35	0.40～0.44	4000～4400	176～224	2200～2800	30.3～33.4	3.8～4.2
Y15H	>0.31	>3100	232～248	2900～3100	>17.5	>2.2
Y20H	>0.34	>3400	248～264	3100～3300	>21.5	>2.7
Y25BH	0.36～0.39	3600～3900	176～216	2200～2700	23.9～27.1	3.0～3.4
Y30BH	0.38～0.40	3800～4000	224～240	2800～3000	27.1～30.3	3.4～3.8

表 4.24　稀土硬磁材料的性能

性能	$SmCo_5$	Sm_2Co_{17}	Nd-Fe-B
密度/(g · cm^{-3})	8.3	8.4	7.4
B_r/T	0.85～0.95	1.0～1.14	1.05～1.25
$_BH_C$/(kA · m^{-1})	637～716	557～716	796～915
$_MH_C$/(kA · m^{-1})	>1432	477～1671	955～1989
$(BH)_{max}$/(kJ · m^{-3})	127～175	183～239	213～395
α(%)/℃$^{-1}$	-0.05	-0.03	-0.12
β(%)/℃$^{-1}$	-0.27	-0.21	-0.60
T_c/℃	740	820～926	312
机械强度	中	差	好
耐蚀性	中	好	差

4.3　光学材料与相关器件

激光、半导体和计算机并称为 20 世纪中叶的三大发明，激光材料在各个领域应用极为广泛，本节着重讨论光学材料的分类与器件。按照光学效应不同，光学材料可分为利用线性光学效应传输光线的材料（也称光介质材料）和利用非线性光学效应传输光线的材料（非线性光学材料），本节着重探讨光介质材料。这里将从激光材料、光纤材料、发光材料、红外材料和液晶材料这 5 个方面介绍光学材料与器件。表 4.25 给出了光学材料的分类及相关器件。

表 4.25　光学材料的分类及相关器件

光学材料分类与相关器件	激光材料与相关器件（见表 4.26） 光纤材料与相关器件（见表 4.29） 发光材料与相关器件（见表 4.32） 红外材料与相关器件（见表 4.35） 液晶材料与相关器件（见表 4.36）

表 4.26 激光材料与相关器件

激光材料与相关器件	激光材料	相关器材
	(1)固体激光材料(见表 4.27) (2)半导体激光材料(见表 4.28)	红宝石激光器、双异质结半导体激光器等

表 4.27 固体激光材料

固体激光材料	红宝石($C_r:Al_2O_3$) 掺钕钇铝石榴石晶体($Nd:Y_3Al_5O_{12}$) 钕玻璃

表 4.28 半导体激光材料

半导体激光材料	双异质半导体 多量子阱半导体

光纤是光导纤维的简称,是 20 世纪 70 年代最重要的发明之一。1966 年,英籍华裔高锟教授提出了光纤传输的概念,对光纤通信做了非常杰出的贡献,并于 2009 年荣获诺贝尔物理学奖。表 4.29 给出了光纤材料与相关器件。

表 4.29 光纤材料与相关器件

光纤材料与相关器件	光纤材料	相关器材
	(1)玻璃光纤(见表 4.30) (2)塑料光纤 (3)晶体光纤(见表 4.31)	光纤陀螺、掺铒光纤放大器等

表 4.30 玻璃光纤材料

玻璃光纤材料	石英系玻璃光纤 卤化物玻璃光纤

表 4.31 晶体光纤

晶体光纤	YAG 系列晶体光纤 Al_2O_3 系列晶体光纤

表 4.32 发光材料与相关器件

发光材料与相关器件	发光材料	相关器件
	光致发光材料(见表 4.33) 电致发光材料(见表 4.34)	发光二极管(LED),荧光灯

表 4.33 光致发光材料分类

光致发光材料	荧光材料 磷光材料

表 4.34 电致发光材料分类

电致发光材料	粉末电致发光材料 薄膜型电致发光材料 PN 结型电致发光材料 有机电致发光材料

表 4.35 红外材料与相关器件

红外材料与相关器件	红外材料	相关器件
	（1）晶体（包括碱卤化合物晶体，氧化物晶体，无机盐化合物晶体，金属铊的卤化物晶体等） （2）玻璃 （3）红外透明陶瓷 （4）塑料（包括聚四氟乙烯、聚丙乙烯等）	红外探测器、红外线治疗仪、红外智能节电开关等

表 4.36 液晶材料与相关器件

液晶材料与相关器件	液晶材料	相关器件
	自然界中的液晶 合成液晶	扭曲向列型液晶显示器、快速响应液晶光开关、液晶偏振控制器等

在结束对“光学材料与器件”讨论之前，有必要对激光器的基本结构略加说明。激光器现代科学研究在国防领域担当着一个极为重要的角色，它是使光学材料受激辐射发光并将激光输出的器件。图 4.1 给出了激光器的基本结构图，激光器必须具备工作介质、泵浦源（又称激励装置）和谐振腔，这三部分组成基本结构：①工作介质，是产生某一波长的激光活性介质，即激光材料。激光材料的特性是由材料原子中的电子分布来决定，不同的电子状态产生不同波长的激光。激光材料按照性质可分为固体、气体、半导体和液体 4 种。②泵浦源，它的作用是将工作介质的基态电子源源不断地激励到高能级上，而且确保高能级粒子数量远多于低能级粒子数，即实现“粒子数反转”。③谐振腔，也称激光器的反馈系统，在激活介质两端适当位置放置两个反射镜，其作用是提供正反馈，使激活介质中产生的辐射能多次通过激活介质，从而进一步诱发更多的高能态粒子受激辐射而产生同样波长和相位的光束，积累来回振荡的光子数量，产生“放大”作用。两个反射镜也起到对光束的准直作用和过滤作用，进而提高单一模式中的光子数，获得单色性和方向性好的强相干光。

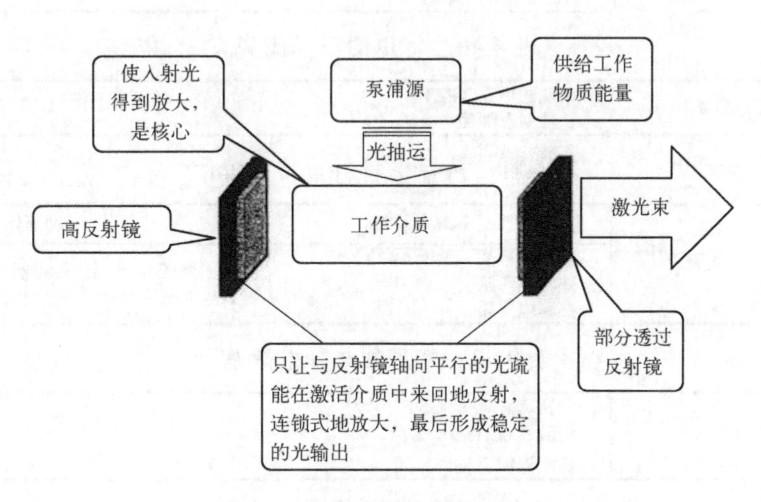

图 4.1 激光器的基本结构

4.4 功能转换材料与器件

功能转换材料在通电或其他条件下会产生新的信号及效应，使用功能转换材料的目的不是调节电路的电压及电流信号，而是为将电信号转换为光、热、磁等其他信号，或者将其他信号转换为电信号。功能转换材料主要涉及信息材料、新能源材料以及生物医用材料等领域，是先进功能材料中最重要的分支。表 4.37 给出功能转换材料的分类以及相关器件。

表 4.37 功能转换材料的分类及相关器件

功能转换材料分类与相关器件	（1）压电材料与相关器件（见表 4.38） （2）热释电材料与相关器件（见表 4.41） （3）铁电材料与相关器件（见表 4.43） （4）热电材料与相关器件（见表 4.45） （5）热敏材料与相关器件（见表 4.48） （6）光电材料与相关器件（见表 4.49） （7）电光材料与相关器件（见表 4.52）

表 4.38 压电材料与相关器件

	压电材料	相关器件
压电材料与相关器件	（1）压电单晶（见表 4.39） （2）压电陶瓷（见表 4.40） （3）压电薄膜 （4）压电聚合物 （5）压电复合材料	压电传感器、压电换能器、压电驱动器等

表 4.39 压电单晶分类

压电单晶分类	石英晶体 铁电铌酸锂 钽酸锂 几种弛豫铁电单晶

表 4.40 常用的压电陶瓷

常用的压电陶瓷	锆钛酸铅系（PZT） 钛酸钡系陶瓷

表 4.41 热释电材料与相关器件

	热释电材料	相关器件
热释电材料与相关器件	热释电单晶（见表 4.42） 热释电陶瓷 热释电薄膜	温度/红外辐射传感器、红外热像仪、电卡制冷等

表 4.42 常用的热释电单晶

常用热释电单晶	甘氨硫酸盐（TGS） 钽酸锂（$LiTaO_3$，LT） 铌酸锶钡

表 4.43　铁电材料分类与相关器件

	铁电材料	相关器件
铁电材料与相关器件	钙钛矿结构铁电陶瓷（见表 4.44） 钨青铜结构铁电陶瓷 铊层状结构铁电陶瓷 钛铁矿结构铁电陶瓷	铁电存储器、铁电场效应晶体管等

表 4.44　常用的钙钛矿结构铁电陶瓷

常用的钙钛矿结构铁电陶瓷	$BaTiO_3$ $KNbO_3$ PbZ_{rx}

表 4.45　热电材料分类与相关器件

	热电材料	相关器件
热电材料与相关器件	室温热电材料 中温热电材料（见表 4.46） 高温热电材料	放射性同位素温差发电装置（可用于心脏起搏器电源或者海洋深海光缆监测系统的供电）、热电冰箱等

表 4.46　中温热电材料分类

中温热电材料分类	方钴矿结构化合物 笼式化合物

4.4.1　热敏材料与器件

根据电阻温度系数的不同，热敏材料可分为 NTC（即负温度系数）与 PTC（即正温度系数）两大类热敏材料。表 4.47 给出了热敏电阻的常见用途，表 4.48 给出了常见热敏材料的分类。

表 4.47　热敏电阻的常见用途

应用领域	具体实例
家用电器	冰箱、电饭锅、洗衣机、空调、电烤箱、热水器等
汽车	电子喷油嘴、发动机防热装置、车载空调、液位计等
办公设备	打印机、复印机、传真机等
仪器仪表	流量计、真空计、湿度计、风速计、环境污染检测设备等
农业生产	暖房培育、育苗、烟草干燥等
医疗	电子体温计、人工透析、CT 诊断等

表 4.48　常见热敏材料分类与相关器件

	热敏材料	相关器件
热敏材料与相关器件	钙钛矿结构材料 V_2O_3 聚合物高分子复合材料	电阻温度计，控制电动机的启动，“自恢复熔丝”等

4.4.2　光电材料与器件

光电产业是 21 世纪的第一主导产业，具有极高的经济效益与战略地位，而光电材料是整个光电产业的基础和先导。光电探测器是利用光电效应最早发明的光电器件；1954 年美国贝尔实验室发明第一个硅基太阳能电池；1960 年美科学家梅曼研制出世界第一台红宝石激光器；1964 年美 RCA 公司发现了液晶的光电效应奠定了液晶显示器的技术基础；1966 年高锟教授提出了光纤传输的概念，光纤技术开始发展；20 世纪 90 年代以来，超高密度光电存储技术，例如三维多重体全息存储技术、在近场光学显微镜中由光学探针的针尖完成的"近场光学存储技术"、双光子双稳态三维数字存储技术、光谱烧孔存储技术、电子俘获存储技术等进一步发展，其光电存储的总发展态势是：①从远场光存储到近场光存储；②从二维光存储到多维光存储；③从光热存储到光子存储等。通常人们将能够产生、转换、传输、存储光信号的材料统称光电材料，它包含光电发射材料、光电导材料和光电动势材料。表 4.49 给出了光电材料的分类以及相关器件。

表 4.49　光电材料的分类

光电材料分类	光电发射材料（见表 4.50） 光电导材料（见表 4.51） 光电动势材料

表 4.50　用作阴极的光电发射材料以及相关器件

	光电发射材料	相关器件
用作阴极的光电发射材料与相关器件	银氧铯光电阴极 锑铯光电阴极 多碱光电阴极	真空光电管、光电倍增管等

表 4.51　光电导材料及相关器件

	光电导材料	相关器件
光电导材料与相关器件	光电导半导体 光电导陶瓷 光电导高分子	光敏电阻等

4.4.3　光电动势材料与器件

通常将能够产生光生伏特效应的材料称为光电动势材料，例如硅、锗、Ⅲ-Ⅴ族化合物等。相应于这类材料的最常用器件有光电池、光电二极管、光电三极管等。

4.4.4　电光材料与器件

电光材料是指具有电光效应的光学功能材料，自 1875 年克尔发现电光效应以来，人们对电光晶体进行研究，并且已经在光通信和光信息领域获得广泛应用。这里讨论电光材料的分类问题，主要讨论电光晶体的分类问题，表 4.52 给出了电光材料的分类及相关器件。

表 4.52　电光材料的分类及相关器件

	电光材料	相关器件
电光材料与相关器件	KDP 磷酸二氢钾型晶体 AB 型晶体（一般为内锌矿结构） BBO 型晶体（又称偏硼酸钡晶体） ABO_3 型晶体（属于钙钛矿型光子晶体）	电光开关、电光调制器、电光偏转器等

4.5　能源材料与器件

新能源材料是指与太阳能、风能、核能、地热能、化学能、氢能相关的材料，这里仅讨论锂离子电池材料、太阳能电池材料、燃料电池材料、超级电容材料以及相应器件。表 4.53 给出了上述四大类能源材料的分类。

表 4.53　部分能源材料分类

部分能源材料分类	锂离子电池材料（见表 4.54） 太阳能电池材料（见表 4.55） 燃料电池材料（见表 4.56） 超级电容材料（见表 4.58）

表 4.54　锂离子电池相关材料的分类及有关器件

	锂离子电池材料	相关器件
锂离子电池材料与相关器件	锂离子电池正极材料 锂离子电池负极材料 锂离子电池隔膜材料 锂离子电池电解质材料	手机用锂离子电池、新能源汽车用锂离子电池

表 4.55　太阳能电池的半导体材料分类

太阳能电池的半导体材料分类	硅半导体材料 无机化合物半导体材料

表 4.56　燃料电池材料分类

燃料电池材料分类	质子交换膜材料 隔板（又称双极板）材料 电极材料

超级电容器是指介于传统电容器和二次电池之间的一种新型储能装置，它既具有电容器快速充放电的特性，又具有二次电池的大容量储能特性。超级电容是通过电极与电解质之间形成的界面双电层来存储能量的新型元器件。1874 年鲍尔发明高稳定高频云母电容器。1876 年斐茨杰拉德发明低成本纸介电容器。1897 年波拉克发明了大容量低成本铝电解电容器。进入 20 世纪，工业界又相继发明了瓷介电容器、薄膜电容器、钽电解电容器等。20 世纪 90 年代以来大容量高功率超级电容器全面进入产业化，表 4.57 给出超级电容器、传统电容器与蓄电池的性能比较。

表 4.57　超级电容器、传统电容器与蓄电池的性能比较

性能参数	传统电容器	超级电容器	蓄电池
能量密度/W·h·kg^{-1}	<0.1	1～20	20～200
功率密度/W·kg^{-1}	$>10^4$	10^3～2×10^4	50～200
充放电时间/s 或 h	10^{-6}～10^{-3}	0.1～60	0.3～5h
充电效率	≈1	0.9～0.95	0.7～0.85
循环周次	10^8	10^6	500～2×10^4

表 4.58　超级电容器常用的材料

超级电容器常用的材料	碳材料（如多孔活性炭、碳纳米管、石墨烯等） 导电聚合物（如聚噻吩 PTH，聚吡咯 PPy 等） 金属氧化物（如氧化镍，四氧化三钴等） 金属氢氧化物（如氢氧化钴，氢氧化镍） 金属硫化物（如 CoS，NiS，MoS_2）

4.6　功能材料及其常用的表格

第 4 章着重讨论了电性材料、磁性材料、光学材料、功能转换材料以及能源材料这五大类功能材料的分类以及相关器件问题。为了便于读者阅读与查阅，这里归纳为 5 张表格，即表 4.1、表 4.15、表 4.25、表 4.37 和表 4.53。

在获得查阅的大致方向后，再去详细大量地阅读国内外功能材料方面的书籍。这方面的书籍可分三个方面：①功能材料学，主要研究功能材料的成分、结构、性能及其相互关系，在此基础上去研究功能材料的设计与发展途径；②功能材料工程学，研究功能材料的合成、制备、提纯、改性以及使用技术与工艺等；③功能材料表征和测试技术，主要研究一般通用的理化测试技术在功能材料上的应用以及各类特征功能的测试技术与表征。事实上，国内外在功能材料方面研究的专业书籍与相关资料是十分丰富的，而且许多功能材料领域，例如热电材料[39-40]和磁性材料[41-42]等都有极为系统的研究专著出版。如何利用好这些宝贵的科研资料，应该讲上述总结出的五张表格可以起到锁定一个大致方向的作用。

本 篇 习 题

1. 什么叫功能材料？如何对功能材料进行分类？

2. 如何对纳米材料进行分类？纳米微粒的线度多指处于 1～100nm 之间的粒子聚合体。如果按纳米微粒结构状态的不同，可分为纳米晶体、纳米非晶体和纳米准晶材料，你能否举例说明上述 3 类晶体材料？

3. 为什么说研究材料科学必须关注它的物理与化学基础？

4. 电功能材料涉及导电率，导热率，抗腐蚀性等问题。磁功能材料涉及导磁系数，涉及能量转换以及存储等问题。你能否从这两类功能材料的研究中去说明电学与磁学、电化学腐蚀以及电磁转换理论对研究材料的重要性吗？

5. 生物医学材料与组织工程材料都是关系到人类健康和康复工程的两类重要功能材料。当人体的器官因病损不能行使功能时，为什么要大力提倡开展人工器官方面的研究？组织工程（tissue engineering）的核心是建立细胞与生物材料的三维空间的复合体，即具有生命力的活体组织，以达到对病损组织进行形态、结构与功能上的重建并达到永久性替代，因此康复医学工程在国际上备受重视，你对此有何认识？

第三篇　功能材料在安全与微纳器件中的应用

阻燃是减灾防灾的基本策略之一，阻燃给社会带来的效益，尤其是对人身安全所起的作用不容低估。阻燃材料的涉及面极为广泛，而且所采用的阻燃技术和机理又各有特点、存在异同，再加上在安全人机工程中“安全”模块所涉及的问题十分复杂，这就给本篇内容的编写带来困难与挑战。

本篇拟从下 6 个部分进行讨论：①阻燃材料的阻燃机理；②阻燃剂的分类及常用的化合物；③常用的阻燃技术；④石墨烯对阻燃所起的作用；⑤纳米技术及其在复合材料与微纳器件中的应用；⑥阻燃与纳米材料测试以及微纳器件加工。以期使安全人机工程、人机与环境工程（航空航天类）、功能材料类专业的本科生和研究生对阻燃功能材料与技术有一个宏观的概括认识。

第 5 章　阻燃材料的阻燃机理

阻燃材料是指能够抑制或延滞燃烧而且自己不容易燃烧的材料。阻燃材料主要分为有机材料和无机材料。有机是以溴系、氮系和红磷及化合物为代表的一些阻燃剂，无机主要是三氧化二锑、氢氧化镁、氢氧化铝、硅系等阻燃体系。通常，有机阻燃具有很好的亲和力，在塑料中添加使用，溴系阻燃剂在有机阻燃体系中占据绝对优势。

就现今而言，除了一些无毒无害的无机阻燃剂，如氢氧化镁，氢氧化铝等，卤系（溴系）和氮系阻燃剂的应用也都十分广泛。卤系和具有协同效应的卤-锑系统在世界阻燃剂用量已占据主要份额，其中用量最大的是溴系阻燃剂，例如四溴双酚 A、十溴联苯醚、四溴邻苯二甲酚酐等。阻燃材料绿色化的关键是阻燃剂的选择。阻燃剂的绿色可持续发展方向应该是聚合型或大分子阻燃剂。我国在高聚物（包括各种工程塑料）的阻燃中主要以添加型溴系阻燃剂为主。另外，阻燃材料的制品主要可分为阻燃织物、阻燃化学纤维、阻燃塑料、阻燃橡胶、防火涂料、阻燃木质材料及阻燃纸、无机不燃填充材料等 7 个大类。下面以高聚物燃烧的 5 个阶段为例（5.1 节）说明燃烧过程的复杂性。针对阻燃问题，这里归纳成 5 节（5.2～5.6 节）概述阻燃机理中可能会遇到的重要概念与物理化学过程。

5.1　高聚物燃烧所涉及的关键问题

高聚物燃烧全过程，在时间上可分为受热分解、点燃、燃烧传播及燃烧加速、充分及稳定燃烧、燃烧衰减等 5 个阶段[43]，如图 5.1 所示。

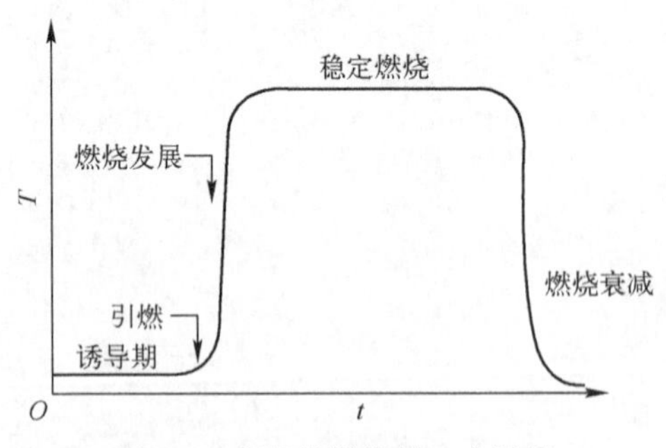

图 5.1　高聚物燃烧的 5 个阶段

5.1.1　热分解及热分解模型

通常，高聚物的热分解是引发燃烧的第一步，当外部热源施加于材料时，材料的温度逐渐升高，当高聚物的升温至一定值时，开始降解，降解的起始温度通常是热稳定性最差的链断裂的温度。降解时，高聚物整体仍可能是完整的，但最薄弱键的断裂经常使高聚物的色泽发生变化。降解有两种形式：一种是非氧化降解，另一种是氧化降解。当高聚物分解而使大多数键发生断裂时，可使 10^4～10^5 个碳原子的长键分解为低分子产物，这时高聚物的相对分子质量大为下降并且可导致高聚物完全丧失整体性能。只有当最弱键的断裂温度大大低于高聚物中大多数键的分解温度时，降解和分解过程才可以分开，通常这两个过程是不可分开的，多变为一个过程。表 5.1 给出了一些高聚物分解的温度范围（T_d），图 5.2 所示为一些高聚物的热分解温度曲线。高聚物的降解分为一级、二级与三级反应，其中一级反应只与传热有关，而二级与三级反应同时要受到传热与传质的影响。

表 5.1　一些高聚物的分解温度范围（T_d）

高聚物	T_d/℃	高聚物	T_d/℃
PE	335～450	PVC	200～300
PP	328～410	PVDC	225～275
PIB	288～425	PVAL	213～325
PVA	250	PA6 和 PA66	310～380
PVB	300～325	POM	222
PS	285～440	PTFE	508～538
SBP	327～430	PVF	372～480
PMMA	170～300	PVDF	400～475
SAR	250～280	CTFE	347～418
PET	283～306	CTA	250～310
PC	420～620	POE	324～363
PX（聚对二亚甲基苯）	420～465	POP	270～355
LCP（液晶聚合物）	560～567		

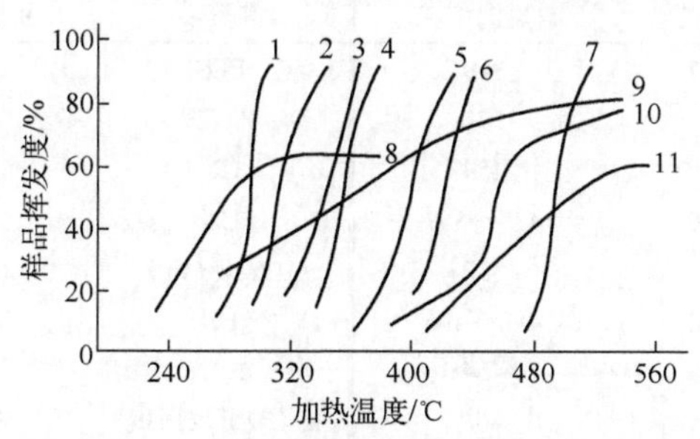

图 5.2　一些高聚物的热分解温度曲线

1—PMS；2—PMMA；3—PIB（聚异丁烯）；4—PS；5—PB；6—PE；7—PTFE；8—PVF；9—PAN；10—PVDC；11—聚三乙烯苯。

高聚物的热分解模式可分为动力学模式，表面降解模式，传热或传质控制模式等；如果按链裂解方式，高聚物的热分解可分为无规（random）裂解，拉链裂解和端链（end chain）裂解，链消除（chain eliminating）裂解，环化（cyclization）热分解；另外，还有交联（cross-linking）反应。这里环化与交联将促进成炭，有利于抑烟及阻燃。

目前，人们只能对一些简单的高聚物讨论它的热分解机理。虽然对于合成高聚物的热分解问题，用一步反应来表示裂解过程是与实际有差距的，而且在快速加热条件下一维热裂解是不能应用于大量高聚物的情况。但由于有机反应步数太多、太复杂，作为一种近似也只好如此。

高聚物分解的产物可能生成两类物质：一类是高聚物链残渣，它们仍具有一定的结构整体性；另一类是高聚物碎片（包括小分子气态产物、液态及固态产物），它们极易氧化。另外，在大多数情况下，引燃和燃烧是在气相中发生并且高聚物热分解释出的气体常具有腐蚀性和毒性，这是需要格外注意的。

5.1.2 点燃条件以及引燃、自燃问题

高聚物点燃是指点燃邻近固体表面形成的可燃气与氧化剂的混合物。通常点燃必须满足如下 3 个条件：

（1）必须形成可燃物与氧化剂的混合物，且前者的浓度在燃烧极限内；

（2）气相温度必须足够高以引发和加速燃烧反应；

（3）加热区必须足够大以克服热损耗。

材料被点燃时，其表面温度应达到一个临界值，且点燃有一个延迟期，例如点燃的热源由辐射供给时，点燃的辐射热流强度不能低于一定值，最小应达 $160\,\mathrm{kW/(m^2 \cdot s)}$。

高聚物的点燃可分为引燃与自燃。可燃气体在足够氧或氧化剂及外部引燃源存在的情况下，可能被引燃，此时物质即开始燃烧。与此相对应的高聚物的温度称为引燃温度，即高聚物分解形成可燃气体可被火焰或火花引燃的温度。在无外部引燃源时，由于高聚物本身的化学反应（热分解）可导致其自燃，与此相应的高聚物的温度称为自燃温度。表 5.2 给出了一些高聚物的引燃及自燃温度。

表 5.2　一些高聚物的引燃及自燃温度

高聚物	引燃温度/℃	自燃温度/℃	高聚物	引燃温度/℃	自燃温度/℃
PE	341～357	349	PES	560	560
PP（纤维）	—	570	PTFE	—	530
PVC	391	454	CN	141	141
PVCA	320～340	435～557	CA	305	475
PVDC	532	532	CTA（纤维）	—	540
PS	345～360	488～496	EC	291	296
SAN	366	454	RPUF	310	416
ABS	—	466	PR（玻纤层压板）	520～540	571～580
SMMA	329	485	MF（玻纤层压板）	475～500	623～645
PMMA	280～300	450～462	聚酯（玻纤层压板）	346～399	483～488
丙烯酸类纤维	—	560	SI（玻纤层压板）	490～527	550～564
PC	375～467	477～580	羊毛	200	—
PA	421	424	木材	220～264	260～416
PA66（纤维）	—	532	棉花	230～266	254
PEI	520	535			

引燃性不是高聚物固有的属性，它与引燃高聚物的条件有关[44-45]。存在引燃源时，由高聚物热裂生成的可燃物上升至高聚物表面，当可燃物的温度达某一临界值时，可燃物便被引燃。高聚物一旦被引燃，部分燃烧热将反馈至邻近未燃的高聚物表面上，使高聚物继续断裂并重复引燃过程，这就使得火焰沿着高聚物表面传播。自燃温度越低的高聚物，越易使火灾发生和蔓延，而自然温度越高的则相反。表 5.3 给出了以锥形量热计法测得的一些材料的引燃性（引燃所需时间/s）。高聚物在热作用下被引燃是热流与时间共同作用的结果。对于给定的高聚物而言，热流量越大，则可在越短的时间内被引燃。热绝缘性良好的高聚物，由于其表面向内部流通的热量较小，因而其表面可较快地被燃烧。高聚物被引燃前存在一个诱导期（包括阴燃），接着是温度升高，直至发生燃烧（一般是 800～1000℃），最后燃料耗尽而使燃烧衰减。

表 5.3　以锥形量热计法测得的一些材料的引燃性（引燃所需时间/s）

材　料	热流量/(kW/m²)			材　料	热流量/(kW/m²)		
	25	50	75		25	50	75
阻燃 ABS	120	34	17	未阻燃 PC/ABS 合金	189	49	75
未阻燃 ABS	111	38	17	阻燃 UPT	未引燃	159	79
阻燃 HIPS	304	106	25	未阻燃 UPT	119	42	—
未阻燃 HIPS	205	52	24	阻燃 XLPE	162	63	37
阻燃 PC/ABS 合金	267	53	28	未阻燃 XLPE	86	37	—

5.1.3　燃烧传播及其燃烧发展

燃烧传播是指燃烧沿高聚物表面发展。因为燃烧传播是一个表面现象，决定它的关键因素是高聚物表面有可燃性气体。燃烧传播必须将高聚物表面的温度提高至引燃温度[46]，这种升温是由向前传播火焰的热流量引起的。固态可燃物上的燃烧传播可分为同向与反向两种，如果氧化剂流方向与燃烧传播同向，便称为同向燃烧传播；反之则称为反向燃烧传播。对于同向燃烧传播，火焰位于已燃可燃表面前，向未燃可燃表面的传热较强，加速了燃烧的传播。对于反向燃烧传播，因这时可燃物的裂解前沿及燃烧前沿处于同一个区域，燃烧一般易于控制。图 5.3 给出了高聚物被点燃后，如果点燃能持续，维持燃烧的热量转换模型[44,46]。如图 5.3 所示，Q_H 为高聚物达到裂解温度 T_P 所需要的热量；Q_P 为裂解产生的可燃气体达到燃烧极限 Q_C 浓度 C_l 时的分解热（吸热或放热）；Q_i 为可燃气体达到点燃温度 T_i 所需热；Q_C 为燃烧热；Q_D 为损失热差。当

$$Q_C \geqslant Q_H + Q_P + Q_i + Q_D \tag{5.1}$$

时，高聚物的燃烧火焰将会蔓延。在通常环境下，燃烧传播与固体可燃物的方向关系密切。向上的燃烧传播比向下的要快，因为向上传播时可燃气体向未燃物进行传热，由于自然对流而加强，再加上辐射、对流、传导 3 种传热方式都起作用。另外，水平燃烧传播就较慢些，图 5.4 给出了水平燃烧传播的示意图。

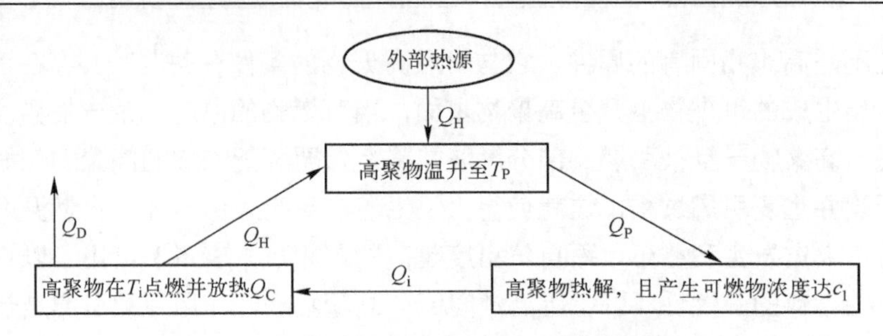

图 5.3 高聚物点燃后维持燃烧的热量转换模型

Q_H—高聚物达到裂解温度 T_P 所需热量；

Q_P—裂解产生的可燃气体浓度达到燃烧极限浓度 c_1 时的分解热（吸热或放热）；

Q_i—可燃气体达到点燃温度 T_i 所需热；Q_C—燃烧热；Q_D—损失热。

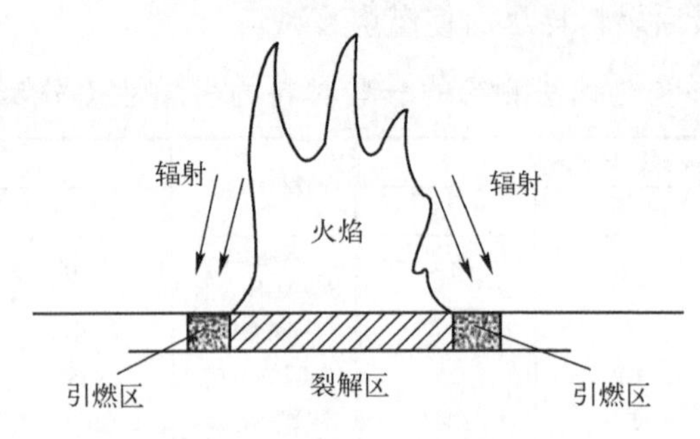

图 5.4 水平燃烧传播示意图

5.1.4 充分与稳定燃烧以及关于阴燃问题

当燃烧发展至某一临界点，即高聚物燃烧时放出的热量可使高聚物分解生成的产物升至足够高的温度，这时燃烧进入充分与稳定燃烧阶段。正如文献[47-48]所述，燃烧是一个复杂的物理化学过程，涉及热力学、传热学、燃烧学和工程流体力学问题，因此属于一个多学科交叉问题。这里不讨论一般稳定燃烧问题的全过程，只着重讨论一下危害性较大的阴燃问题。

通常，高聚物的燃烧由两种方式进行：明燃与阴燃。当所提供的热流足以引燃高聚物迅速裂解生成可燃物并使火焰燃烧时，可发生明燃；而当热流及温度低于临界值时，则发生阴燃。阴燃是最具危害性的燃烧模式之一，因为阴燃能产生大量的CO；当然，阴燃也生成炭和可燃挥发物。阴燃涉及固相裂解和固相与炭的氧化。相对于氧气流方向传播的阴燃称为可逆阴燃；相同于氧气流方向传播的阴燃称为前行阴燃。前行阴燃更易于转变为持维燃烧。

5.1.5 燃烧衰减及自熄性的度量

当燃烧反馈给高聚物表面的热量减少，高聚物的热裂解速率降低，致使表面可燃物的浓度降低至一定极限时，燃烧就不能再维持，于是自行衰减直至熄灭。高聚物的自熄性可用极限氧指数（LOI）进行度量。氧指数越高时，越容易自熄，反之则越难。表 5.4 所列为一些高聚物的 LOI 值。

表 5.4　一些高聚物的 LOI 值

高聚物	LOI	高聚物	LOI
PE	17	CTFE	83～95
PP	17	ETFE	30
PBD	18	ECTFE	60
CPE	21	CA	17
PVC	45	CB	19
PVA	22	CAB	18
PVDC	60	PR	18
PS	18	EP	18
SAN	18	不饱和聚酯	20
ABS	18	ALK	29
PMMA	17	PP（纤维）	18
丙烯酸树脂	17	丙烯酸纤维	18
PET	21	改性丙烯酸纤维	26
PBT	22	羊毛（纤维）	23
PC	24	PA（纤维）	20
POM	17	CA（纤维）	18
PPO	30	CTA（纤维）	18
PA6	23	棉花（纤维）	18
PA6/6	21	黏胶纤维	19
PA6/10	25	聚酯纤维	21
PA6/12	25	PBD（橡胶）	18
PI	25	SBR	18
PAI	43	PCR	26
PEI	47	CSPER	25
PBI	40	SIR	26
PSU	30	NR	17
PES	37	木材	22
PTFE	95	硬纸板	24
PVF	23	纤维板	22
PDF	44	胶合板	25
EEP	95		

5.1.6　燃烧时的生烟性及生烟性的度量

“阻燃”与“抑烟”是对阻燃高分子材料同等重要的要求，但两个指标往往是矛盾的。热裂时能分解为单体且燃烧较完全的高聚物，一般生烟量较少。烟是固体微粒分散于空气中形成的可见但不发光的悬浮体，而这种固体微粒则是由于高聚物不完全燃烧或升华产生的。生烟是火灾中最重要的危险因素之一，烟会大大降低人的可见度，且令人窒息。

虽然高聚物热裂或燃烧时的生烟量不是高聚物的固有性质，但高聚物的分子结构无疑是影响生烟量的重要因素之一。具有多烯烃结构和侧键带苯环的高聚物，通常生烟量较多，这是由于燃烧时高聚物中的多烯碳链可通过环化或缩聚形成石墨状颗粒；而侧链上带苯环的高聚物（如 PS），则容易生成带共轭双键不饱和烃，后者又可继续环化、缩聚成炭。主链为脂肪烃的高聚物，特别是主链上含氧和热裂时易分解为单体的高聚物，如 POM、PMMA、PA6 等，它们可充分燃烧，因此生烟量较低。而主链为苯环的高聚物，则产烟量高得多。含卤聚合物发烟量一般很高，PVC 就是一典型例子，它的生烟量在所有常用塑料中几乎是最高的。应指出，一些经过阻燃处理的高聚物，其生烟量往往会很高。例如一些在气相发挥阻燃作用的阻燃剂，能抑制氧化但促进生烟。

生烟性可用最大比光密度（D_m）度量，比光密度越大，则烟浓度越大。表 5.5 给出了一些高聚物的 D_m 值。

表 5.5　一些高聚物的 D_m 值

高聚物	厚度/mm	D_m		达到 D_{16} 所需时间/min	
		阴燃	明燃	明燃	阴燃
PE	3.18	—	85	2.74	0.91
PP	6.35	—	119	3.00	4.18
PTFE	—	0	53	—	11
TFE-VDF	1.80	75	109	2.5	1.2
PVF	0.05	1	4	—	—
未填充硬 PVC	6.35	470	535	2.1	0.6
PVC 织物	0.66	261	198	1.4	0.3
PS	6.35	395	780	4.00	0.63
SA	6.35	389	249	4.13	1.11
ABS	6.35	780	780	2.98	0.57
PMMA	6.35	190	140	6.5	2.3
聚缩醛	3.18	—	6	—	—
PA 织物	1.27	6	16	—	15.0
PAA 片材	1.60	7	14	—	—
PSU	6.35	111	370	12.61	1.89
PC	6.35	48	324	10.88	1.95
PR	3.18	137	55	5	5.5
UP	3.18	780	780	2.66	0.59
硬质 PU 泡沫塑料（聚醚型）	50.8	221	113	0.35	0.22
硬质 PU 泡沫塑料（聚酯型）	—	161	70	0.43	0.20
PU 橡胶（聚醚型）	—	57	210	4.3	2.1
PU 橡胶（聚酯型）	—	131	230	4.0	1.5
红橡木	19.8	660	117	7.1	7.8
杉木	12.7	378	145	4.6	4.3

5.1.7　燃烧时生成的有毒产物

这里所谓有毒物是指能破坏人体组织和器官或能干扰器官功能的物质。高聚物燃烧时所放出的有毒气体使人窒息甚至死亡，构成对生命安全的首要威胁。图 5.5 给出了高聚物在不同情况下燃烧时生成的有毒气体。表 5.6 给出了某些高聚物在空气中燃烧时生成的主要有毒产物（单位：mg / g）。

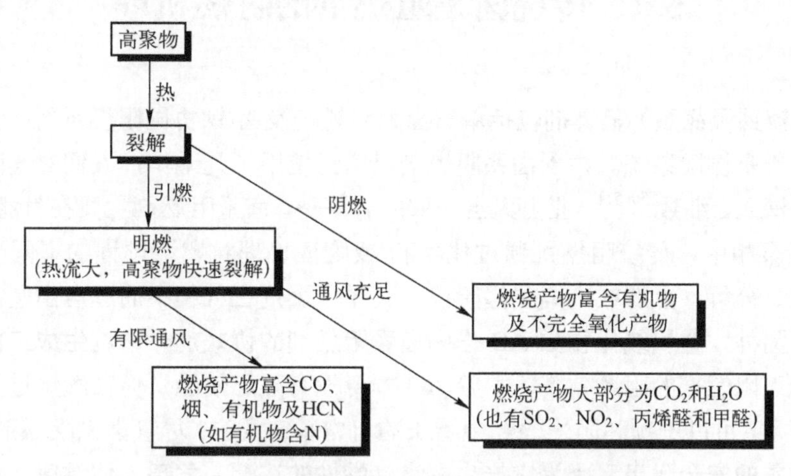

图 5.5　高聚物在空气中燃烧生成的有毒气体

表 5.6　某些高聚物在空气中燃烧时生成的主要有毒产物　（单位：mg/g）

高聚物	燃烧产物组成聚合物								
	CO_2	CO	SO_2	N_2O	NH_3	HCN	CH_4	C_2H_4	C_2H_2
PE	502	195	—	—	—	—	65	187	10
PS	590	207	—	—	—	—	7	16	6
PA66	563	194	—	—	4	26	39	82	7
PAAM	783	173	—	—	32	21	20	13	4
PAN	630	132	—	—	—	59	8	—	—
丙烯酸类纤维	1400	170	—	—	—	95	—	—	—
聚亚苯基硫化物	892	219	451	—	—	—	—	—	—
PU	625	160	—	—	—	1	17	37	6
RPUF	1400	210	—	—	—	8	—	—	—
EPR	961	228	—	—	—	3	33	5	6
UFR	980	80	—	—	—	2	—	—	—
UFF	1350	41	—	—	—	15	—	—	—
MFR	702	190	—	27	136	59	—	—	—
雪松	1397	66	—	—	—	—	2	1	—
羊毛	1260	180	—	—	—	54	—	—	—

5.1.8　阻燃模式

阻燃可分物理的和化学的，又可分为凝聚相的和气相的。凝聚相和气相阻燃长期以来被公认为是主要的阻燃模式，前者主要是有助于材料炭化，后者主要是减缓火焰中的链式氧化反应。另外，阻燃在实际工程中，往往是几种阻燃模式在同时起作用，而不是某个单一阻燃机理的功效。对于阻燃模式，这里不展开讨论，感兴趣者可参考国内外相关文献，例如文献[43,45,49]等。

5.2 传统卤系阻燃剂的阻燃机理

卤系（溴系及氮系）阻燃剂包括单一卤系阻燃剂及卤/锑协同阻燃系统，实际工程中使用的几乎都是协同系统。由于卤系阻燃剂已广泛使用了几十年，人们对其阻燃机理已研究得十分深入、细致[50-51]。业内人士一致的看法是，卤系阻燃剂主要在气相发挥功效。在气相或凝聚相中，传统阻燃剂通过化学和/或物理机理对燃烧过程的不同阶段进行干预，如加热、分解、点燃或火焰传播阶段。卤系阻燃剂在气相中通过自由基链反应中断燃烧过程。另外，金属氧化物如 AO 作为卤系阻燃剂的协效剂，通过生成三卤化锑能进一步提高卤系阻燃剂的阻燃效率。尽管 AO 本身没有阻燃效能，但在燃烧过程中三卤化锑更容易挥发，可以干预和阻止火焰中增长的自由基链反应。尽管卤系阻燃剂应用广泛，但它存在严重的安全隐患，因为它产生有毒、酸性的浓烟，危害人体健康，损坏昂贵的仪器设备，因此应提倡无卤阻燃剂的开发。氮系阻燃剂毒性较低，产烟量也少，因此这类阻燃剂可视为环保型阻燃剂。

5.3 有机磷系阻燃剂的阻燃机理

目前大多磷系阻燃剂主要是在凝聚相发挥阻燃功效，包括抑制火焰、熔流耗热，含磷酸形成的表面屏障，酸催化成炭，炭层的隔热、隔氧等。但也有很多磷系阻燃剂同时在凝聚相与气相阻燃。磷系阻燃的凝聚相阻燃作用主要来自两个方面：一是减少可燃物的生成，二是促进成炭。磷系阻燃物在不同高聚物中的阻燃效率，往往与其脱水和成炭有关，而这两者又与高聚物是否含氧有关。对于有机磷系阻燃剂的阻燃机理，这里不予赘述。

5.4 膨胀型阻燃剂的阻燃机理

膨胀型阻燃剂（IFR）主要是通过凝聚相阻燃发挥作用。这里凝聚相阻燃是指在凝聚相中延缓或中断燃烧的阻燃作用，重要的是成炭机理。由于膨胀型阻燃剂系统在高热作用下能在被阻燃的材料表面形成很厚的膨胀炭层，因此具有很高的阻燃性。炭层的阻燃作用除了作为传质传热屏障外，还由于炭层含有的自由基能与混合物热降解过程中形成的气态自由基反应，有助于终止高聚物热裂解中的自由基反应链，和减缓被炭层保护的高聚物在凝聚相中的热降解。同时炭层作为酸性催化物质的载体，而这类催化物能与高聚物氧化降解中形成的氧化产物反应。另外，为了使炭层具有良好的阻燃性，炭层的渗透性应尽可能低。例如含磷酸铵的苯酚-甲醛树脂热裂时，形成的炭层的渗透性很低，由于炭层中磷化合物的存在而使 Darcy 常数降低。对膨胀型阻燃剂的阻燃机理感兴趣的读者可进一步参考国内外相关文献，例如文献[50-51]等。

5.5　其他阻燃剂的阻燃机理

本节着重讨论金属氢氧化物、红磷以及聚硅氧烷的阻燃机理问题。

5.5.1　金属氢氧化物的阻燃机理

一些受热时能够发生吸热分解的化合物（例如氢氧化铝（ATH）以及氢氧化镁（MH）等）能冷却被阻燃的基质，使其温度降至维持燃烧所需的温度以下。另外，这类吸热分解能产生水蒸气或其他不燃气体，它们可以稀释气相中的可燃物浓度，而且热分解生成的残余物又可作为保护层，使下层基质免遭热破坏。金属氢氧化物作为阻燃剂的主要缺点是效率低、用量大。

5.5.2　红磷的阻燃机理

红磷是非常有效的阻燃剂，可用于含氧聚合物，例如聚酰铵（PA）、聚碳酸酯（PC）等。红磷的阻燃机理与有机磷阻燃剂的阻燃机理相似，由于生成的磷酸既复盖在材料表面，又在材料表面加速脱水炭化形成液膜和炭层，将氧、挥发性的可燃物和热与内部的高聚物基质隔开，因而使燃烧受到抑制。

5.5.3　聚硅氧烷的阻燃机理

聚硅氧烷常与一种或多种协同剂一起用作阻燃剂，这些协同剂有有机金属盐（如硬脂酸镁）、聚磷酸铵（APP）等。它们既能与基材结合，又能与聚硅氧烷发生协同效应；它们不仅能提高基材与聚硅氧烷的渗透性，而且能促进炭层的生成，进而阻止烟的形成和火焰的发展。另外，聚硅氧烷用于阻燃 PC 是非常成功的，硅氧基阻燃 PC 的作用是按凝聚相阻燃机理作用的，即通过生成裂解炭层和提高炭层的抗氧化性实现阻燃功效的。

5.6　聚合物纳米复合材料的阻燃机理

以聚合物为基体，加入少量的层状硅酸盐（≤10%）后，由于纳米粒子具有量子尺寸效应、表面效应、界面效应、体积效应等特点，从而将无机材料的刚性、尺寸稳定性和热稳定性与聚合物的韧性、加工性能和介电性能结合在一起，使得聚合物/无机物纳米复合材料具有优异的力学性能、热性能、阻燃性能、阻隔性能、光电性能等。由于在高聚物中加入纳米填料产生了一系列的物理效应，如形成阻隔层、降低相容性、添加剂迁移至表面、抑制气泡在熔融高聚物中的运动、降低熔体的流速等。此外，还可能产生多种化学反应，如催化高聚物的分解，促进高聚物的石墨化，改变高聚物的分解途径以及分解行为等。

这里必须强调：①材料的阻燃性能不是一个简单问题，对材料的引燃性、可燃性、火焰传播、总释热量（THE）等参数，不同的阻燃机理对它们的影响不一样，因此在不同的火灾场景中，材料反映出的阻燃效率是相当不同的；②聚合物纳米复合材料可能存在着多种阻燃机理，而这些机理又与高聚物基体以及纳米填料间的相互作用密切相关；③纳米填料的形态既会影响材料的性能，也同时影响着阻燃作用的机理。应该讲，关于高聚物纳米复合材料的阻燃机理，学术界并无一致的结论[51]，仅能得到大家公认的两点认知：燃烧过程中形成了表层；裂解过程中熔体的黏度发生变化。纳米复合材料表现出的阻燃机理，首先在不同的阻燃测试中表现出特定的影响；其次是其表现与材料的特性密切相关，而且在不同的体系中，主要的物理机制还可能伴随着化学过程，或者受化学过程的强烈影响。

第 6 章　阻燃剂分类及常用化合物

6.1　阻燃剂的分类及基本要求

6.1.1　阻燃剂的分类

按照阻燃剂与被阻燃材料的关系，阻燃剂可分为两大类：一类是添加型，另一类是反应型。前者只是以物理方式分散于基材中，多用于热塑性高聚物。后者作为单体，或辅助试剂参与合成高聚物的反应，最后成为高聚物的结构单元，多用于热固性高聚物。

如果按阻燃元素种类，常可分为卤系、有机磷系、卤—磷系、氮系、磷—氮系、锑系、铝—镁系、无机磷系、硼系、硅系、钼系等。另外，还有膨胀型阻燃剂（多为磷—氮化合物的复合物）、纳米无机物（主要为层状硅酸盐），后者能与一系列高聚物构成具有阻燃性的高聚物/无机纳米复合材料。

6.1.2　阻燃剂的基本要求

（1）阻燃效率高，即效能/价格比高。

（2）具有友好环境与生态的特点。

（3）与被阻燃的基材相容性好。

（4）具有足够的热稳定性，分解温度在 250～400℃间为宜。

（5）不致过多恶化对阻燃基材的加工。

（6）具有可接受的光稳定性。

（7）原材料来源充足，制造工艺简便，价格合适。

6.2　阻燃剂选择的原则

6.2.1　一般性原则

一个有效的阻燃剂，应能以物理或化学方式影响物质燃烧过程中的一个或数个阶段，能延缓物质的燃烧并最终使燃烧熄灭。对燃烧过程的不同阶段，适用的阻燃剂可能是不同的。例如，燃烧过程的第一阶段即加热阶段，能在被阻燃物周围形成不燃气态包复层的阻燃剂是有效的，尤其是遇热能形成膨胀包复层的阻燃剂；在燃烧的第二阶段，即可燃物热降解阶段，有效的阻燃剂宜通过化学途径使可燃物热氧化降解，降低可燃气体的浓度，或促进成炭、脱氢和脱水；燃烧的第三个阶段，即可燃物分解产生的气体被点燃的阶段，任何增加不燃气态分解产物浓度的阻燃剂都会在此阶段产生阻燃效果。另外，如阻燃剂自身的分解，与被阻燃的基质相互作用，可生成气态的自由基捕获剂，则也可降低燃烧速度；在可燃物被引燃后，能够降低向可燃物表面的热传递速度或能相对降低支持燃烧的自由基生成速度的阻燃剂均为有利于减缓燃烧的过程。

6.2.2 具体环节的考虑与分析

（1）发挥阻燃功效的相态（气相或凝聚相）应该与燃烧所处的阶段相适应。

（2）阻燃作用的时间与发生的地点应与被阻燃物的分解温度相匹配。

（3）任何一种阻燃剂都不是通用的，不同的被阻燃基材需要采用适当的阻燃剂。

（4）对被阻燃基材的性能具有明显影响时的阻燃剂是不宜采用的。

6.3 通常具有阻燃功能的化合物

表 6.1 所列化学元素，其化合物通常具有阻燃功能。

表 6.1 化学元素，其化合物通常具有阻燃功能

族	元素符号	族	元素符号
ⅦA	F、Cl、Br 及 I	ⅡA	Mg、Ca
ⅥA	S	Ⅷ	Fe、Co
ⅤA	N、P、As 及 Sb	ⅡB	Zn
ⅣA	C、Si、Sn 和 Pb	ⅥB	Cr、Mo
ⅣA	B 及 Al		

6.3.1 含ⅦA 族元素的化合物

聚合物主链中氟的阻燃作用比反应型或添加型阻燃剂中氟大，且前者主要是在凝聚相阻燃。另外，氟阻燃剂是不常见的，因为 C—F 键的键能过高。

氯化物可在气相及凝聚相中同时发挥阻燃功能。在气相中，氯化物能捕获自由基，且含氯的气态产物能保护被阻燃基材免遭氧和热的作用。在凝聚相中，氯化物能改变高聚物分解反应模式。

溴化合物在气相中的阻燃机理与氯化合物相同，但溴的阻燃效率比氯高，且含溴的气态产物密度大，故在气相中的复盖作用强，溴化合物阻燃剂的应用极广泛。

6.3.2 含ⅥA 族元素的化合物

很多主链中含硫的聚合物耐高温。硫通常在凝聚相起阻燃作用，并且主要影响材料的分解及引燃阶段。

6.3.3 VA 族元素的化合物

氮化物主要为凝聚相阻燃模式。

磷化合物主要在凝聚相（包括固相与液相）提高成炭率，对阻止聚合物的分解有效，因此可使燃烧过程在早期被抑制。

锑化合物单独应用时无阻燃作用，但锑是卤系阻燃剂的优良协效剂。

6.3.4 含ⅣA 族元素的化合物

碳在凝聚相发挥阻燃作用。例如膨胀型石墨（EG），当快速加热至 300℃以上时，EG 急剧膨胀而形成阻燃层。

含硅的化合物可与聚合物形成纳米复合材料，这是近年兴起的新一代阻燃材料。

锡的化合物是良好的抑烟剂。

6.3.5 含ⅢA 族和ⅡA 族元素的化合物

硼化合物主要在凝聚相阻燃，它们可改变聚合物的分解模式和脱水以促进成炭。

氢氧化铝以及氢氧化镁主要通过吸热脱水阻燃，为凝聚相阻燃机理。

6.3.6 含ⅥB 族元素的化合物

钼化合物作为抑烟剂，在凝聚相发挥功效。

6.3.7 还原偶联抑烟剂

能促进偶联过程的添加剂是在 PVC 裂解时能产生零价金属的化合物，包括一系列过渡金属的羰基化合物，过渡金属的甲酸盐、草酸盐、一价铜的络化物等，其中铜化合物是最有效的添加剂之一。

适用的还原偶联剂，一般应具备：①金属的电化学活性应较低，即金属离子应能还原为零氧化态；②在金属氧化物中，金属应为较低的氧化态；③金属离子应在高于聚合物加工温度下才能被还原，尽可能无色，且对高聚物配方无不良影响。

6.3.8 协效阻燃系统

所谓协效阻燃系统是指由两种（其中一种为阻燃剂，另一种为协效剂）或两种以上组分构成的阻燃系统，用 SE 表示“协同效率”，这里 SE 定义为协效系统的阻燃效率（EFF）与系统中单一阻燃剂（不含协效剂时）阻燃效率之比。

在阻燃技术中，广泛利用协同效应，其中，卤化合物—锑化合物（三氧化二锑）是熟知的协效阻燃系统。这类协效剂不仅能在气相中捕获自由基，而且能在凝聚相中发挥协效作用，在材料表层形成硬实的炭层。

另外，硬脂酸锌/滑石粉/铁化合物复合物是一种低烟协效剂，加入适量的这种协效剂便可使某些含卤阻燃塑料的烟密度下降，透光率提高。

第7章　常用阻燃技术

正如文献[52]所指出的，自从1908年Engelard等用天然橡胶与氯气反应获得阻燃橡胶，开创了用化学方法制取阻燃高聚物的先河。一百多年以来，阻燃技术一直在不断完善与发展。尤其是20世纪90年代在美国Baltimore举办第一届国际纳米科学技术会议以来，聚合物/无机物纳米复合材料与传统复合材料相比在机械、热、气体阻隔、电导率、阻燃、辐射屏蔽等性能方面都大有提高，它是一种具有广阔应用前景的多功能新材料。

对于高聚物材料来讲，原则上多用如下的三种方法去提升材料的阻燃性能。

（1）设计新的高聚物分子结构，使它具有本质阻燃性。

（2）对现有高聚物进行改性，使之遇火时有足够的阻燃性能，例如在材料中加入成炭剂、交联剂或采用共混法以提高成炭率而赋予材料阻燃性。

（3）在高聚物中以物理方法加入其他化合物，以赋予材料的阻燃性能。

以下分8小节具体讨论相关的阻燃技术。

7.1　成炭阻燃技术

成炭是本质阻燃高聚物的重要特性，有机物隔氧热裂解的一般模式，其最后结果是脱氢成炭。早在20世纪70年代中期，P.W.van Krevelen就明确指出，如果高聚物燃烧时生成炭层，便可以明显地改善材料的阻燃性。他还指出，高聚物燃烧时生成的炭量与其氧指数有很好的相关性。

对于炭层的阻燃功效，它的物理结构很重要，厚的泡沫炭层比薄的脆炭层更有效。另外，在燃烧过程早期聚合物的迅速成炭，对发挥阻燃作用非常有效。

7.1.1　高聚物共混体的成炭以及接枝共聚成炭技术

高聚物与硬质PVC（即UPVC）制成共混体可以获得较理想的阻燃性。另外，接枝共聚以提高聚合物的阻燃性，多属于凝聚相阻燃模式，并且是借助于成炭来实现的。为了形成接枝共聚物，基质高聚物应能移走一个适当的原子并形成自由基，以便单体能在此位置上接枝。因为几乎所有的高聚物均会有C—H键，而且此键通常是分子中最弱的键，所以使C—H键断裂并在聚合物键上形成自由基是最可能的。此外，接枝共聚物也可通过离子聚合或自由基聚合制得，例如在适当单体存在下用某些引发剂处理高聚物或加热高聚物即可完成接枝共聚。

7.1.2　交联成炭技术

PS 中唯一的官能团是芳环，所以任何交联反应都会涉及芳环，因此可用 Friedel-Crafts 反应使 PS 交联。芳环的一个 Friedel-Crafts 反应是芳环的烷基化。如欲使 PS 通过烷基化反应交联，需要一个双官能团的烷基化试制，例如可采用二元醇为烷基化试剂，分子筛为催化剂。应注意的是，所用的试剂及催化剂的活性应适当。关于交联成炭技术，感兴趣者可参考文献[50]等。

7.2　无机阻燃剂

无机阻燃剂大多是不挥发但受热时分解的化合物，且分解是一般是吸热，产生 CO_2、H_2O、HCl、HBr 和 NH_3 等。无机阻燃剂的实际分解过程是十分复杂的。选择可分解的无机盐阻燃时，主要根据其中所含阳离子的性质。对含氧阴离子的盐，其热稳定性只与其中的阳离子有关，而与阴离子的性质无关。碱金属和碱式金属的盐一般是离子型盐，它们的热稳定性过高而不宜用作阻燃剂。过渡金属中阳离子和阴离子的电负性差较小，宜于作塑料和聚合物材料的阻燃剂。无机阻燃剂热分解形成的固态和液态残留物，对阻燃剂的阻燃效率具有极重要的作用。正如文献[53]所指出的，由于无机阻燃剂大多数不产生有毒和腐蚀性的气体，属于生理无害物质，而且对环境友好，因此目前工业发达国家的无机阻燃剂的消费量远远高于有机阻燃剂。国外对无机阻燃剂的研究已进入相对完善的发展阶段，而且超细化、微胶囊化、复配协同以及表面改性等技术正在不断发展完善。

无机阻燃剂有磷系、镁—铝系、锑系、硼系、锌系、锡系、钼系、无机盐以及天然填料等。由于这些无机阻燃剂应用十分广泛，而且相关介绍这方面制备和性能的公开资料较多，因此这里不作展开介绍。

7.3　两种磷系阻燃剂

有机磷系阻燃剂是目前世界上产量最大的有机阻燃剂之一，它品种多，用途广泛。有机磷系阻燃剂有磷酸酯、膦酸酯、有机鏻盐等。但作为阻燃剂，目前应用最广的是磷酸酯和膦酸酯。磷酸酯兼具阻燃性增塑性；膦酸酯具有类似于磷酸酯的性质，但它的热稳定性较高，只有在较高温度下，碳—磷键才能断裂。目前生产的重要有机磷系阻燃剂有芳香族磷酸脂、脂肪族磷酸酯、膦酸酯等。

磷—卤系阻燃剂大多为卤代磷酸酯，脂肪族卤代磷酸酯多系黏稠液体，热稳定性较低；但芳香族卤代磷酸酯则为固体，具有较高的稳定性。由于分子中同时含有阻燃元素磷及卤，因此其阻燃性比磷酸酯高得多。在目前工业生产的卤代磷酸酯中，以脂肪族的居多。但近年研究显示，个别卤代脂肪族磷酸酯对环境及人类健康有一定危害，因此引起了人们的关注。

7.4 阻燃通用塑料及热塑性工程

目前，阻燃聚丙烯 PP 已经渗透到很多新的应用领域，例如新的催化剂、改性填料和新的混配工艺，使 PP 的刚性、韧性、耐温性、光洁度及高温承载性都得以改善。已有两种方法使 PP 赋予阻燃性：一种是采用气相阻燃的卤—锑系统，另一种是采用膨胀型阻燃剂。另外，在 PP 中采用无机阻燃剂或膨胀型阻燃剂，可降低 PP 热裂或燃烧时生成烟及有毒产物的量。

工程塑料具有优异的力学及电气性能、具有耐热和抗化学腐蚀并且使用温度宽广、使用时间长的特点，因此是一类极为重要的化工新材料。目前阻燃热塑性工程塑料最实际的方法是采用添加型阻燃剂，例如采用溴系阻燃剂或磷系阻燃剂等。阻燃聚酰胺（PA）是一种应用广泛的阻燃工程塑料，在电子、电气、仪表、汽车行业已近 50 年的历史。

7.5 纤维及织物的阻燃技术

阻燃纺织品具有悠久的历史，早在第二次世界大战期间对军服和军用帐篷的处理就用上了阻燃剂。从 20 世纪 30 年代开始，人们开发了用于阻燃棉纤维的反应型阻燃剂，到了 20 世纪 50～70 年代已形成了成熟的阻燃棉织物工艺。

纤维可分为天然纤维（如棉、丝、羊毛）、人造纤维（如黏胶纤维）、合成纤维（如尼龙、涤纶）以及无机纤维（如玻璃纤维、石棉纤维）四大类。阻燃织物的阻燃性与纤维的化学性质、织物的密度和结构、所用阻燃剂的效率及环境等因素有关。纺织品的密度与结构影响它的燃烧速度及引燃性，密度低的织物比密度高的燃烧速度大得多。另外，大多数有机纤维在明燃停止后还能继续阴燃。

在现有的阻燃纺织品中，阻燃纤维素织物是最常用的一类。按照纤维的类型，目前市场销售的阻燃纺织品主要有四类：①阻燃棉织物；②阻燃粘胶织物；③阻燃合成纤维织物；④阻燃纤维素纤维和其他纤维的混纺织物。

采用反应型的（例如烷基膦酰胺衍生物，四羟甲基鏻盐缩合物等）阻燃剂有益于棉织物的耐久阻燃性。表 7.1 给出了几种处理棉纤维以及织物的阻燃剂。对于黏胶纤维及其织物，通常是在纤维加工过程中将阻燃剂加入纺丝料中；对于合成纤维的阻燃处理多采用原丝改性或织物后处理方法。另外，文献[54-56]还分别对羊毛纤维和芦苇纤维的改性问题进行了研究，供感兴趣者参考。

表 7.1　用于处理棉纤维及其织物的阻燃剂

阻燃剂名称	阻燃剂结构式或配方	阻　燃　性
聚磷酸铵（APP）	$(NH_4PO_3)_n$	不耐久或半耐久（与 APP 的聚合度 n 有关）
磷酸氢二铵	$(NH_4)_2HPO_4$	不耐久
羟甲基化膦酰胺	$(CH_3O)_2PCH_2CH_2CONHCH_2OH$ (Pyrovatex CP，TFR1 或 Affiamit)	耐水洗 50 次以上
四羟甲基锛盐缩合物	$P(CH_2OH)_4Cl$(THPC)-脲-氨缩合物 (Proban)	半耐久
氯化石蜡	$C_nH_{(2n-m+2)}Cl_m$	半耐久
卤-锑系统（含脂肪族或芳香族溴）	DBDPO(HBCD)+Sb_2O_3(Sb_2O_5)+丙烯酸树脂（Myflam，Flacavon）	半耐久或耐久

7.6　增强纺织品阻燃技术

提高阻燃织物形成的厚度、强度以及抗氧化性，均可增强纺织品的阻燃性，这与采用膨胀炭层技术是密切相关的。典型的膨胀系统包括聚磷酸铵（APP）/胺/多元醇和膨胀无机材料（如蛭石、硅酸钠、膨胀石墨等），将它们加热至 200℃以上时可形成膨胀刚性耐火层，可作为柔性的阻燃屏障。这种膨胀组分也可以作为涂层以阻燃纺织品。以磷基膨胀阻燃剂与阻燃纤维素纤维（如棉及黏胶纤维）结合，可形成复合炭层。表 7.2 给出了一些阻燃效率甚佳的阻燃纤维素纤维-膨胀型阻燃剂系统。对表中所有的系统，膨胀阻燃剂与标准丙烯酸树脂配合使用。

表 7.2　可相容的阻燃纤维素纤维-膨胀型阻燃剂系统

纤　维	阻　燃　剂	膨胀型阻燃剂（可用于所有纤维）
阻燃杂化黏胶纤维（商品牌号 Sateri）	聚硅酸（用量按 SiO_2 计，为 30%）	（1）APP、季戊四醇及三聚氰胺，三者质量比为 3∶1∶1(MPC1000)
阻燃黏胶纤维（商品牌号 Lenzing）	Sandoflam 5060（用量为 10%～15%）	
阻燃棉纤维	APP 和尿素（用量按磷计，为 1.7%），热固化	（2）三聚氰胺磷酸盐及二季戊四醇(MPC2000)
阻燃棉纤维	THPC-尿素预聚物（用量按磷计，为 2.5%～4%），氨固化工艺	
阻燃棉纤维	Pyrovatex，与三羟甲基三聚氰胺树脂合用（用量按磷计，为 2.3%～2.7%）	

将表 7.2 所列纤维的复合织物在空气中于 500℃下加热，可形成明显的炭层并膨胀。当温度提高至 900℃甚至 1200℃，织物能承受 10min。以扫描电镜观察膨胀型复合阻燃织物所形成的炭层，发现纤维素炭表面很难与膨胀组分炭表面区分。由于阻燃纤维素纤维—膨胀型阻燃剂系统成炭时，各组分相互作用所形成的炭抗高温氧化性极优，另外所形成的炭层的磷含量也较高。

7.7　增强复合材料的阻燃性

这里复合材料是指由两种以上化学明显不同的组分或相所组成的多相材料，并且组分和相之间有明显的界面。复合材料中量比较大的一般为连续相，又称基质；当基质为高聚物时的复合材料称为复合高分子材料（PC）。PC 材料的性能与组成颇不相同，其突出优点是密度低，比强度和比刚度高，耐腐蚀性和抗疲劳性好。一个阻燃性好的 PC，应该具有低的火焰传播速度，低的释热速度以及低的烟和低的有毒物生成速度；具有高的点燃温度，高的生烟温度以及高的生成有毒产物的温度；具有好的自熄性和对高温辐照的承受力。近年来，人们研究了如下新的阻燃 PC：含溴环氧树脂（或酚醛树脂）/玻璃纤维（或聚芳苯酰胺纤维或石墨纤维），聚间苯二甲酸酯/玻璃纤维等。特别是酚醛树脂/石墨纤维的阻燃性尤为出色。

在纳米复合材料方面，国外以聚合物/层状硅酸盐（LS）纳米复合材料研究的最多，也是最有希望工业化的聚合物/无机物纳米复合材料，关于这类复合材料在阻燃方面的应用前景将在本书第 9 章给出，这里仅给出纳米复合材料的分类，如图 7.1 所示。

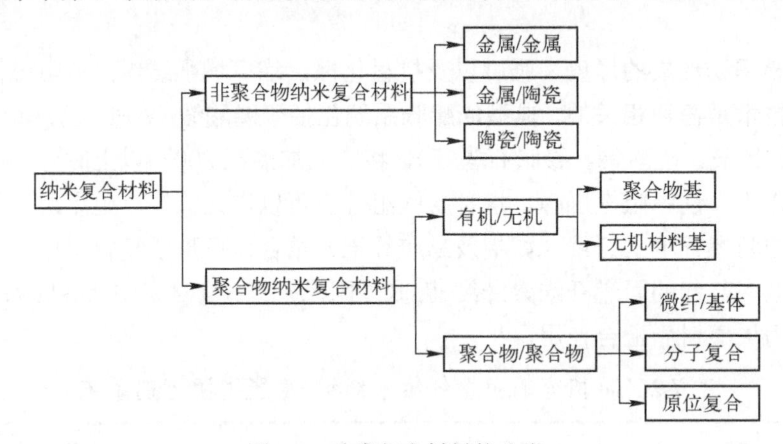

图 7.1　纳米复合材料的分类

7.8　本质阻燃高聚物分子的设计原则

本质阻燃高聚物是指那些由于特殊的化学结构而使自身固有阻燃性的高聚物，它们不需要改性或阻燃处理，也具有耐高温、抗氧化、不易燃的特点。例如主链芳香烃含量大、成炭率高、阻燃元素含量高以及某些含杂环的高聚物，如聚砜（PSF）、聚苯硫醚、硬聚氯乙烯、聚四氟乙烯、芳香族聚酰胺、聚酰亚胺等均具有十分优异的耐热性和高温抗氧化性、氧指数高、能自熄，不需要进行阻燃处理也能够满足各种场所的阻燃要求，因此可认为是具有本质阻燃性的高聚物。

7.8.1　设计本质阻燃高聚物的原则

基本原则有如下七点：

（1）在分子结构中引入卤素或磷。

（2）增加分子结构的碳/氢比，表 7.3 给出了高聚物的 LOI 与其 C/H 比的关系，由该表看出，C/H 越高，则极限氧指数（LOI）增加、可燃性降低。

（3）增加高聚物的氮含量，表 7.4 给出了 LOI 与含氮量的关系，氮含量对高聚物阻燃有影响；另外，聚苯并咪唑（PBI）是本质阻燃高聚物的佼佼者。

（4）通过芳香化或杂环芳香化，在分子结构中引入共轭系统。

（5）在分子中引入刚性结构（形成半阶梯或阶梯聚合物）。

（6）在分子结构中引入使聚合物链间发生强烈相互作用的基团。

（7）增加高聚物的结晶度和交联度。

表 7.3　高聚物的 LOI 与其 C/H 比的关系

高聚物	C/H 比	LOI/%	高聚物	C/H 比	LOI/%
PAT（聚缩醛）	0.50	15	PC	1.14	26
PMMA	0.63	17	PAR（聚芳酯）	1.21	34
PE	0.50	17	PES（聚醚砜）	1.50	34～38
PS	1.00	18	PEEK（聚醚醚酮）	1.58	35

表 7.4　高聚物的 LOI 与其氮含量的关系

高聚物	氮含量/%	LOI/%	高聚物	氮含量/%	LOI/%
聚氨酯泡沫塑料	4.5～5.2	16.5	丝	18～19	>27
聚丙烯腈		18	聚芳酰胺		28.5
尼龙 66	12.4	24.0	聚酰亚胺		36.5
羊毛	16～17	25.2	聚苯并咪唑		41.5

7.8.2　一种新材料举例

（1）硅氧烷—乙炔聚合物及其固化产物。

在高聚物分子中同时引入无机与有机元素，可提高高聚物的耐热性、阻燃性及抗氧化性能。硅氧基团则是一个可以考虑的选用基团，因该基团具有良好的热和氧化稳定性及疏水性，而其柔韧性则有利于高聚物的加工。如果高聚物主链上除含硅氧基外，还含有二乙炔基单元，则由于后者能进行热反应或光化学反应而形成韧性的含共轭网络的交联聚合物。这种交联能赋予高聚物新的光化学性能、热色性、机械色性、非线性光学性能等。因此，线性硅氧烷—乙炔聚合物在阻燃材料领域内倍受人重视。

（2）一种无机—有机杂化共聚物。

由芳基乙炔聚合物及含炔基的无机—有机杂化聚合物构成的碳—碳复合物。据预测，它可以在氧化环境中承受极高温度（1500℃、甚至 2000℃），因此有望作为火箭导弹系统和宇宙飞船重返大气层时设备的用材。

第 8 章 石墨烯对阻燃所起的作用

聚合物通常并不具有阻燃性能，通过添加型阻燃剂与聚合物机械混合或者是采取接枝复合等方式使其具有阻燃性。另外，从阻燃的机理上看，作为添加剂使其有阻燃性，有四种方式：①使可燃物炭化，达到阻燃，这时所用的阻燃剂多以磷系为主；②阻燃剂在燃烧条件下形成不挥的隔膜达到阻燃的目的；这时所用的阻燃剂如硼酸盐、卤化物和磷类材料等；③阻燃剂分解产物将氢氧自由基连锁反应切断从而达到阻燃目的，这类阻燃剂主要有卤化物等；④阻燃剂可以使燃烧热有效分散以及稀释可燃物质，这类阻燃剂有氢氧化铝、氢氧化镁等。

石墨烯作为阻燃剂的添加剂受到业界极大关注。石墨烯材料有优异的导热性[热导率单位为 $5.3\times10^3 \mathrm{W/(m\cdot K)}$]、导电性以及气体阻隔性能都挺优秀。当添加石墨烯的聚合物遇到高温或明火时，因石墨烯导热非常好，这意味着局部过高的热量可以迅速传到其他地方，从而火势不易传播扩散。另一方面，石墨烯片层结构使它有极高的表面积（$2630\mathrm{m^2/g}$），从而阻止了在燃烧过程中的扩散。

8.1 石墨烯/聚氨酯类复合材料

聚氨酯（polyurethane，PU）是在主链上含有重复氨基甲酸酯基团（—NHCOO—）聚合物的统称。当引火源引燃 PU 时，常伴着有毒的烟雾。有许多改善 PU 阻燃性能的方法，其中将单组分的石墨烯引入到 PU 便可抑烟阻燃。再如将石墨烯和离子液体（ionic liquid，IL）单体混合物直接浸渍到 PU 上便达到了阻燃的效果。

8.2 石墨烯/聚苯乙烯复合材料

聚苯乙烯（polystyrene，PS）是目前用量最大的五种塑料之一。但 PS 遇明火极易燃烧，不能自行熄灭，因此必须进行阻燃处理。研究表明，将石墨烯与二维层状金属化合物复合加入 PS 中便达到了很好的阻燃效果。再如，将钴的氢氧化物纳米棒、ABS 等共同复合制备出了石墨烯基阻燃材料，实现了材料可燃性的显著降低。

8.3 石墨烯/聚乙烯复合材料

聚乙烯（polyethylene，PE）的阻燃改性主要是通过添加剂去实现，因为目前石墨烯/PE

阻燃材料中均含卤系阻燃剂，石墨烯在其中起到增强阻燃效果并吸附有毒气体的功能。再如，将氧化石墨（graphene oxide，GO）和一种超支化含氮磷元素的阻燃剂进行功能化复合，随后将所得的官能化的氧化石墨烯（functional graphene oxide，FGO）引入到交联聚乙烯（cross-linked polyethlene，XLPE）中以增强基质的阻燃性。研究表明，FGO 在 XLPE 基体中均匀分散，并与基体交联牢固，由于基体与石墨烯纳米片之间的自由基转移而改善了阻档效应，从而使热释放与扩散变得非常容易。FGO 与超支化阻燃剂在聚合物基质中的均匀分散提高了 XLPE-FGO 纳米复合材料的阻燃性能和机械性能。

8.4　石墨烯/聚丙烯复合材料

聚丙烯（polypropylene，PP）极易燃烧，极限氧指数仅为 17.5，成炭率接近于 0，极易熔融滴落，在燃烧过程中会造成潜在的损失，因此开发具有良好阻燃性能的 PP 是非常重要的。在 PP 基体中掺入膨胀型阻燃剂（intumscent flame retarder，IFR）、碳纳米管（carbon nanotubes，CNTs）和石墨烯，制备出一种新型的 PP 纳米复合材料。热重（TG）分析结果表明，石墨烯和 CNTs 的加入提高了 PP 的热稳定性等。这种纳米复合材料的 LOI 最高可达到 31.4%；另外，锥形量热仪的数据表明，当 IFR、CNTs 和石墨烯的复合效应发挥作用时，PP 的燃烧行为比钝 PP 相比，热释放速率峰值减少了 83%，点火时间延迟了 40s。

8.5　石墨烯的阻燃效果

石墨烯作为一种新型的阻燃添加剂，总体来讲有以下优点：阻燃效率很高，在聚合物中添加量一般不超过 5%，而且成本低、无卤素、无毒、对环境友好，属于绿色环保材料范畴；它可以作为一种中间介质与传统高效率的阻燃剂与化学键等方式复合，有利于更好地分散在聚合物基质中；最重要的是，石墨烯与其他传统阻燃剂复合后可以有效发挥两种材料的优点[57]，具有良好的协同效应。因此石墨烯材料在聚合物阻燃材料中可以发挥重要的作用，具有良好的市场发展前景。

第 9 章　纳米技术在复合材料与微纳器件中的应用

本章主要概述纳米技术在聚合物纳米复合材料的应用前景，以及利用纳米技术组装原子、分子、制造新型的功能器件或具有新生物效应的纳米物质为肿瘤预警与早期诊断所带来的新机遇，为此，本章分 2 节分别进行讨论与概述。另外，对生物分子学和生命科学中最为关注的光学探针和 SERS（表面增强拉曼散射）技术放到 9.3 节讨论，SERS 被认为是生物检测领域最敏锐的分析方法，并被广泛应用于生物大分子探测、活体成像以及肿瘤成像等研究领域。

9.1　聚合物纳米材料在阻燃中应用

9.1.1　开展纳米粒子与基材间协同机理研究

1993 年，Toyota 研究小组首次发现将纳米粘土粒子作为增强相分散性聚合物中，可改善材料的许多力学性能（例如拉伸强度以及拉伸模量）。此外，材料的阻隔性能、烧蚀性能、热稳定性以及阻燃性能可得以改善。但是纳米复合材料提高的阻燃性能仅限于释热性，并且往往会恶化材料的点燃时间（TTI）和自熄时间。事实上，极限氧指数（LOI）等简单阻燃测试结果表明，单纯引入纳米黏土或其他纳米粒子并不能明显改善材料的 LOI 值，除非纳米粒子能改变聚合物的燃烧行为或熔滴状况。因此，以纳米形态分散于聚合物基体中的纳米粒子的阻燃作用取决于纳米粒子的功能以及其与其他阻燃剂或基材间的协同作用。现在的测试数据仅显示：在不使用纳米粒子时阻燃剂的添加量为 60%，如果要添加 1%～5%的纳米粒子，则可使传统阻燃剂的添加量大幅下降。另外，也有数据显示，对于聚对苯二甲酸乙二醇酯（polyethylene terephthalate，PET）材料，纳米粒子会促进 PET 降解，增大纳米粒子的用量，具有负面作用。

9.1.2　纳米技术的应用有利于阻燃材料性能的改善

这里还要说明的是，几乎所有的聚合物纳米复合材料都会降低 pHRR（热释放速率峰值）。正如文献[51]的 12.8 节所指出的，将纳米复合材料作为有用的单一阻燃体系，几乎是不可能的；但将纳米复合材料配方与各种传统阻燃剂（例如磷系、矿物填料等）联用有可能是个发展方向。换句话讲，纳米复合材料的应用重点在于进一步改善材料的力学性能，而不是阻燃性能；将纳米技术与传统复合材料结合，可以同时提高材料的力学性能和阻燃性能是个未来发展的趋势[51]。

9.2　用纳米光电技术和微纳器件诊断早期肝癌

9.2.1　肝癌的现有诊断办法及提高疗效的关键

恶性肿瘤是当今严重危害人类生命健康的重大疾病。目前，在我国肿瘤发病率已达2‰，死亡率为 1.5‰，位居全部疾病之首。原发性肝癌（PLC，简称肝癌）是临床最常见的恶性肿瘤之一。目前，治疗肝癌的主要手段有 7 种：①手术切除；②介入治疗；③消融治疗；④全身系统化疗；⑤放疗；⑥免疫和生物靶向治疗；⑦中医中药治疗。通常，对于能手术切除且身体状况尚能承受者，都是首选手术治疗；不能手术的患者，便去介入治疗及消融，应该讲也有一定疗效；至于传统的全身化疗及放疗，在肝癌治疗中的作用非常有限，患者生存期一般不超过半年。因此，肝癌早期诊断与处理是提高疗效的关键。

我国在 20 世纪 70 年代肝癌普查基础上建立的“B 超+AFP”诊断方法仍是目前肝癌早期诊断的主要依据，这里 AFP 其英文全称为 alpha-fetoprotein，中文译作甲胎蛋白。如进一步确诊则需进行强化 CT、对比剂增强的磁共振成像（magnetic resonance imagine，MRI）以及 PET-CT 等影像检查，这里 PET 是 positron emission tomography，即正电子发射断层成像的缩英文缩写。AFP 对肝癌的敏感度仅为 40%左右，CT 和 MRI 等影像检查只有在肿瘤生长到 2cm 以上时才能做到较明确的诊断，而对于 1～2cm 的肿瘤都是较难确定的，对于 1cm 以下的病灶则很难检出。目前，临床上常规应用的增强对比剂，其诊断的特异性不强，事实上许多小病灶，用目前的诊断方法是无法检测的。另外，传统的肝癌病理诊断、分类、分型方法也往往受到许多主观因素如标本制作、染色、病理诊断者的水平、经验等方面的影响，并且只能从组织细胞水平相对反映肿瘤的生物学特征、不能充分反映肿瘤的真实本质，无法在肿瘤转移之前对其转移倾向及早作出正确的诊断和预测。临床上我们经常发现同一病理类型、同一分期、采用同一个治疗方案的肝癌患者却有完全不同的疾病过程和预后。这就说明肝癌细胞具有不同的分子亚型，这也提醒人们应该从分子水平上去研究肝癌的本质特征，换句话说纳米血清检测技术应建立在分子水平的肝癌诊断上，并为肝癌分子的研究提供新方法。

近来已有研究表明，单个肿瘤标志物（AFP）检测的局限性较大，而多个肿瘤标志物的联合检测的准确性明显优于单个指标检测。因此，应该大力发展用于血清学检测的新材料、新方法和新技术，以便更早、更精确地诊断早期癌症提供支撑。

9.2.2　纳米光电技术在肝癌早期诊断中的应用。

（1）加强肝癌血清标志物的检测工作。

将纳米光电技术用于癌症的早期诊断，整合现有血清学标志物和细胞因子，应用微纳谐振结构、微流控芯片和功能化纳米传感材料，构建高灵敏度、高通量的检测器件，以便确定肝癌的分子分型，有针对性地制订治疗方案。以美国为例，目前美国国立癌症研究所共设有 8 个肿瘤纳米研究中心，在这 8 个中心中有 45 个研究项目，其中 17 个与癌症诊断与治疗有关。

（2）基于纳米光电技术的微纳传感器与 LCSC 探针。

目前，美科学家已在实验室条件下制备了对前列腺癌、乳腺癌、直肠癌等多种癌症的微纳传感器。毫无疑问，将血清检测标志物与微纳生物传感器及微流控芯片相结合，是癌症早期检测的大策略和大势所趋。

荧光量子点（QD）是准零维的纳米材料，其抗光漂白能力强，荧光强度高而且稳定，单个 QD 表现出的荧光亮度和持续时间是普通有机荧光染料的 10～20 倍。有关研究报导证实，如果将荧光 QD 与 LCSC（即肝癌干细胞）标志物抗体分子耦合，构建出 LCSC 探针，则可以高灵敏、特异性识别肝癌干细胞，它能实现肝癌干细胞的快速、灵敏地标记，将为肝癌的更早期诊断、靶向治疗以及预测预后奠定基础。

（3）靶向纳米超声造影剂的构建。

超声造影剂（ultrasoud contrast agent,UCA）是一种能够显著增强医学超声检测信号的诊断药剂。目前临床应用的 UCA 直径多为微米级，它不能穿透血管内皮间隙，只能在血管内进行血池内显影，同时没有对致病部位的靶向性，大大限制了血管外致病部位的探测能力。随着生物纳米技术与超声分子影像技术的发展，纳米级 UCA 出现，它的直径小于 700nm，穿透力强，也进行血池外显影。另外，如在 UCA 表面耦连肝肿瘤细胞靶向抗体，制备靶向超声造影剂，因此有利于疾病的早期定性、定位诊断，并对病灶进行靶向早诊。

（4）磁共振影像（MRI）造影剂的构建。

构建新型肝肿瘤靶向磁共振影像，改进肿瘤成像质量，降低最小肿瘤检出尺寸，提高肿瘤检出率。注意发展相应的数据挖掘和图像重建技术并进行较充分地生物医学验证，将会大幅度地提高肝癌影像诊断的灵敏度和检出率，实现肝癌早期影像学诊断质的飞跃。

9.3 纳米结构光学探针在传感中的应用

9.3.1 光学探针研究的重要性

在生物体内以及生命过程中，对蛋白质、核酸、多肽等重要生物分子的高灵敏分析检测以及复杂生理活动的实时监测一直是生命科学研究领域的重要课题。光学探针（optical probes）利用它们对客体的标记作用并引起光信号的变化，可以直接探究客体基团或分子水平的奥秘，是生物分析探测中的重要手段。

20 世纪末，一种新型的荧光探针——量子点（quantum dots，QDs）的出现为实现快速、原位、实时和多元探测提供了新的解决途径。相对于传统有机染料分子荧光探针，量子点具有吸收光谱宽，发射光谱窄，可通过改变其粒子尺寸和组成进行荧光发射波长调控等特点。自 1998 年以来，量子点作为生物荧光标记物逐步应用于蛋白质及 DNA 检测、活细胞成像以及生命动态过程的追踪、活体内肿瘤细胞靶向示踪等诸多生物医学领域。近年来，随着新型量子点制备技术的不断涌现，发展出对生命科学领域具有实际应用价值的低毒量子点已具条件。其中内部掺杂型 Zn 类量子点便是一类很有潜力的量子点材料。另外，SERS 结合了传统拉曼散射和等离子激元波增强的优势，成为极具应用前景的光学探测技术。随着荧光和 SERS 技术在生命科学研究领域中应用的不断拓展与深入，各种具有独特功能、性质优异的光学探针不断涌现，以下仅针对复合纳米结构探针在活细胞内探测和免疫检测两个方面的研究作简明概述。

9.3.2　活细胞的探测

SERS 技术作为一种无损的生物分析手段，能够在不对细胞造成显著损伤下对细胞的生理活动进行实时探测，这是 SERS 技术在活细胞分析中的独特优势。另外，具有靶向肿瘤细胞的 SERS 探针很有特色，由于 SERS 光谱的线宽很窄（1～2nm），使 SERS 光谱能应用于多组分的同时检测。

9.3.3　免疫检测

基于 SERS 的免疫检测技术是借助金属纳米颗粒的表面增强特性，利用表面增强拉曼光谱（SERS）的高灵敏度和光谱选择性，结合抗体/抗原的特异吸附作用，发展起来的一种新型免疫分析技术。与常规萤火分析技术相比，由于拉曼光谱峰宽通常比荧光要窄很多，因此可以很大程度避免峰之间的相互干扰。因此拉曼光谱 SERS 在免疫检测领域具有很好的应用前景。随着纳米技术、光学与生物技术领域的不断发展，预期将出现更加高效、绿色、多样化的复合结构纳米光学探针，同时它们在临床医学的实际应用中将为疾病的诊断和治疗提供更坚实的技术支撑；在生命科学的研究中，通过对实时监测各类生物分子，如蛋白质、核酸、多糖、脂类，甚至全病毒、细胞之间相互作用的整个过程，便可获得十分丰富的分析素材，这将为实现癌症的早期诊断、降低误诊率、减轻病人的痛苦，从而能够有效地提升人们对癌症的控制和诊治能力，并为诊断与治疗奠定了必要的坚实基础。

第10章 阻燃与纳米材料的测试及微纳器件加工

本章主要包括三个方面的内容：①阻燃材料常规测试技术；②纳米级材料的测试以及相关仪器设备；③飞秒激光加工与微纳器件制备。无论是阻燃材料的常规测量，还是纳米材料性能的测试，都离不开必备的仪器与专用设备，都离不开现代物理学研究中涌现出的高新技术。对于微纳器件的制备或加工，更是离不开现代飞秒激光加工的技术支撑。

10.1 阻燃材料常规测试技术

10.1.1 分析燃烧行为常用的锥形量热仪

锥形量热仪（cone）是研究材料阻燃性能的最重要实验室工具之一，是研发阻燃高分子材料的一个表征工具。其典型分析参数包括点燃时间（TTI）、热释放速率（HRR）、热释放速率峰值（pHRR）、到达热释放速率峰值的时间、总释热量（THR）、质量损失速率（MLR）、平均释热速率（MHRR）、和比消光面积（SEM）。值得说明的是，cone提供了有关阻燃性的全面数据，不仅包括火灾安全性（如HRR、THR、TTI），也包括火灾危险性（如烟雾与CO的释放量）。

10.1.2 氧指数测定仪的应用

极限氧指数（LOI）是评价材料点燃性的重要参数，它需要由氧指数测定仪测定。表10.1给出了一些高聚物的实测LOI值。

表10.1 一些高聚物的实测LOI值

高聚物	LOI/%	高聚物	LOI/%
PE	17.3	丙烯酸树脂	16.7
PP	17.0	PET	20
PBD	18.3	PBT	24
CPE	21.1	PC	21.3
软质 PVC	20.6	LCP	35
PVA	22.5	PPO	24
PVDC	60	PA6	23
PS	17.0	PA66	21

续表

高聚物	LOI/%	高聚物	LOI/%
SAN	18	PA610	25
ABS	18	PA612	25
PI	36.5	PP（纤维）	18.6
PAI	43	丙烯酸纤维	18.2～19.6
PEI	47	改性丙烯酸纤维	26.7～29.8
PBI	40.6	羊毛（纤维）	23.8～25.2
PAT	14.7～16.2	PA（纤维）	20.1
PSU	30～51	CA（纤维）	18.6
PES	37～42	CTA（纤维）	18.4
PVF	22.6	棉花（纤维）	18.6
PDF	43.7	黏胶纤维	18.9～19.7
CTFE	83～95	聚酯纤维	20.6～21.0
ETFE	30	PBD（橡胶）	17.7
ECTFE	60	SBR	16.9～19.0
CA	16.8～27	氯丁橡胶	26.3
CB	18.8～19.9	CSPER	25.1
CAB	18～20	SIR	25.8～39.2
PR	18～66	NR	17.2
EP	18.3～49（含阻燃塑料）	木材	22.4～24.6
不饱和聚酯	20	硬纸板	24.7
ALK	29～63.4（含阻燃塑料）	纤维板	22.1～24.5

10.1.3　UL94 水平与垂直燃烧试验

UL 是（underwritten laboratory）的简称，于 1894 年成立。UL94 不仅适用于电气工业，也适用于其他应用领域，但不适用于建材。UL94 对电气工业所用塑料的量测是特别重要的。不过，目前我国塑料的水平与垂直燃烧试验要遵照 GB/T 2408 与 GB/T 4609 完成测试。

10.1.4　点燃温度的测定以及生烟性测定

表 10.2 给出了一些高聚物的闪燃温度及自燃温度。对塑料的测试常采用 Setchkin 仪（又称热空气炉）进行。

表 10.2　一些高聚物的闪燃温度及自燃温度

高聚物	闪燃温度/℃	自燃温度/℃	高聚物	闪燃温度/℃	自燃温度/℃
PE	341～357	349	PES	560	560
PP 纤维	—	570	PTFE	—	530
PVC	391	454	CN	141	141
PVCA	320～340	435～557	CA	305	475
PVDC	532	532	CTA 纤维	—	540

续表

高聚物	闪燃温度/℃	自燃温度/℃	高聚物	闪燃温度/℃	自燃温度/℃
PS	345～360	488～496	EC	291	296
SAN	366	454	RPUF	310	416
ABS	—	466	PR（玻纤层压板）	520～540	571～580
SMMA	329	485	MF（玻纤层压板）	475～500	623～645
PMMA	280～300	450～462	聚酯（玻纤层压板）	346～399	483～488
丙烯酸类纤维	—	560	SI（玻纤层压板）	490～527	550～564
PC	375～467	477～580	羊毛	200	—
PA	421	424	木材	220～264	260～416
PA66 纤维	—	532	棉花	230～266	254
PEI	520	535			

材料的生烟性，通常采用 NBS 烟箱法进行，这里 NBS 为美国国家标准局的简写。目前我国测定采用 GB 8323 法进行，感兴趣者可参考相关标准。

10.2 纳米级分析技术与相关仪器设备

10.2.1 X 射线衍射（XRD）分析以及透射电镜（TEM）的应用

XRD 最适用于聚合物/黏土纳米复合材料结构分析，TEM 与其他技术联合可得到纳米粒子分散在基体中的全貌，这对了解纳米结构对复合材料性能的影响至关重要。

10.2.2 核磁共振（NMR）谱以及高分辨电镜的应用

用 NMR 分析整个样品的纳米分散。通常采用 NMR 与 XRD 以及 TEM 技术关联，才可以进行材料形貌的分析。高分辨电镜（HREM）也可用于分析黏土片层的分散情况。在进行聚合物纳米复合材料分析时，上述设备通常都是常用的。

10.2.3 SEM 和 AFM 两类原子水平上的分析技术

扫描电子显微镜方法（SEM）是分析与鉴定聚合物纳米粒子在基体中是否均匀分散的技术。原子力显微镜（atomic force microstropy，AFM）是在原子水平上研究表面相互作用的一种技术。

正是由于高分子纳米复合材料的复杂性，其结构的表征往往需要多种分析装置和分析方法，因此 10.2.1—10.2.3 节中给出众多的现代仪器与方法，通过相互印证之后，才有可能得到较可靠的结论。以聚合物纳米复合材料为例，尽管自 1993 年 Toyota 研究团队首次发现将纳米黏土粒子作增强相分散于聚合物中改善了材料的许多力学性能，但这类材料是否为单一阻燃体系问题，学术界一直在用各种现代仪器设备与分析方法去分析这其中纳米粒子所起的作用[51]。没有上述提到的有关仪器与现代方法是不可能较可靠地分析出纳米粒子在上述聚合物复合材料中所起的真正作用，也不可能真正改进这类复杂复合材料的相关性能。

10.3　飞秒激光加工与微纳器件制备

10.3.1　脉冲激光发展四个阶段

（1）20 世纪 60 年代中后期，各种锁模（mode-locking）理论初步建立，各种锁模方式的初步探索，获得了激光脉冲的脉宽在 10^{-10}～10^{-9}s，它属于超短脉冲激光的初始研究阶段。

（2）20 世纪 70 年代中后期，各种锁模技术和理论已经建立完善（例如主动锁模、被动锁模、同步泵浦锁模等）并且在物理和化学领域开展了皮秒（即 10^{-12}s）级激光脉冲的应用探索。

（3）20 世纪 80 年代，短脉冲激光发展到飞秒（fs，10^{-15}s）阶段，其典型标志为碰撞锁膜染料激光器的问世。

（4）20 世纪 90 年代后，一批紧凑型超快激光器出现[58]，超短激光脉冲发展到飞秒时代，其中以钛宝石为代表的优质激光晶体的制备以及各种锁模技术的发明，表明固体激光器发展的第二次革命就此到来。另外，对于微观世界不同物理过程其特征尺度来讲，化学反应的时间尺度一般在飞秒量级，而原子分子中的电子运动则一般要到阿秒（即 10^{-18}s）量级。飞秒激光可用于观测物理、化学和生物等领域的超快过程，例如将飞秒激光用作相干断层扫描的光源，可以观测到活体细胞的三维图像。目前，工程界常说的超强超快光谱学技术（super-intense ultra-fast spectro-scopy techniques，SUST）正是展现了这方面的技能。

10.3.2　分秒激光与物质相互作用基本原则

20 世纪 80 年代，超快飞秒激光技术的出现，为激光微加工技术带来新生机。与连续激光不同，超快飞秒激光技术具有超短脉冲、超高电场和超宽频谱等特性，其与物质相互作用时产生形形色色的光与物质非线性相互作用现象，可以实现超精细、空间三维加工。飞秒激光加工能使金属、透明介质等材料从固态直接转化到气态，没有中间的熔化过程。因烧蚀只发生在激光能量密度高于烧蚀阈值的区域，所以飞秒激光的加工精度能够小于衍射极限，因而使得激光加工的精度推至纳米量级。

尽管飞秒激光与物质的相互作用过程非常复杂，但都遵循一个原则：物质吸收激光能量导致原子、分子摆脱结合能，从而引发物质的烧蚀。按激光能量在飞秒时间段传递的方式不同将飞秒激光与物质的相互作用分为三类：①激光能量直接传递给电子，该过程对应着飞秒激光与金属的相互作用；②激光能量激发电子跃迁，该过程对立着飞秒激光与非金属的相互作用，在半导体和电介质材料中存在带隙，自由电子浓度很少，因此先发生的是电子受激跃迁和载流子的产生过程，当产生足够多的载流子后烧蚀才会发生；③激光能量激发带间能级，即局域声子能级，该过程对应着中红外飞秒激光共振烧蚀有机分子，此时光子能量很低，因此不伴随电子向激发态跃迁过程，即没有载流子的形成，能量从局域声子能级传递给分子。当能量传递给电子后，能量再由电子传递给原子、分子，使得材料发生烧蚀。从上面的描述可以看出，激光与电子相互作用过程中，起决定作用的是电子的能级结构，而能量从电子传递给原子、分子后，起决定作用的是物质参数、物质结构和物质相图。

10.3.3 飞秒激光与金属相互作用模型

1．双温度方程（TTM）

因金属中有大量的自由电子，因此在飞秒激光与金属相互作用的过程中，激光首先加热电子，然后通过电子—声子散射过程缓慢加热晶格，这个过程便由 1974 年 S.I.Anisimov 等提出的双温度方程（TTM）式（10.1）和式（10.2）描述。模型中考虑了超短脉冲与电子及电子与晶格两种不同的相互作用过程，电子与晶格的温度变化微分方程组如下：

$$C_{\mathrm{e}}(T_{\mathrm{e}})\frac{\partial}{\partial t}T_{\mathrm{e}}=\frac{\partial}{\partial x}\left(K_{\mathrm{e}}(T_{\mathrm{e}})\frac{\partial}{\partial x}T_{\mathrm{e}}\right)-\hat{g}(T_{\mathrm{e}}-T_{\mathrm{l}})+s(x,t) \tag{10.1}$$

$$(C_{\mathrm{l}}(T_{\mathrm{l}})+\Delta H_{\mathrm{m}}\delta(T-T_{\mathrm{m}}))\frac{\partial}{\partial t}T_{\mathrm{l}}=\frac{\partial}{\partial x}\left(K_{\mathrm{l}}\frac{\partial}{\partial x}T_{\mathrm{l}}\right)+\hat{g}(T_{\mathrm{e}}-T_{\mathrm{l}}) \tag{10.2}$$

熔化吸热：

$$s(x,t)=(1-R)\alpha\mathrm{e}^{-\alpha x}I(x,t) \tag{10.3}$$

凝固放热：

$$\hat{g}=\frac{1}{6}\pi^{2}m_{\mathrm{e}}n_{\mathrm{e}}\upsilon_{\mathrm{s}}^{2} \tag{10.4}$$

在式（10.1）～式（10.4）中，C_{e} 与 C_{l} 分别代表电子热容与晶格热容；T_{e} 与 T_{l} 分别为电子温度与晶格温度；K_{e} 与 K_{l} 分别为电子传热系数与晶格传热系数；$\hat{g}$ 为电子与晶格的能量交换系数；$s(x,t)$ 为激光源项；式（10.3）中的 $1-R$ 反映了金属对光波的反射；式（10.4）定义了电子温度与晶格温度的能量交换系数，其中 υ_{e} 为声速。$\hat{g}$ 也可由式（10.5）定义，即

$$\hat{g}=\frac{3}{\pi k_{\mathrm{B}}}\hbar<\Omega^{2}>\Lambda_{\mathrm{e-ph}}\gamma_{\mathrm{e}} \tag{10.5}$$

式中：$<\Omega^{2}>$ 为声子频率均方；$\Lambda_{\mathrm{e-ph}}$ 为电子—声子耦合系数；这里 $<\Omega^{2}>\Lambda_{\mathrm{e-ph}}$ 为超导体理论中的重要参数；γ_{e} 为电子比热。

因 C_{e} 很小，激光加热电子的速度很快，一般在飞秒脉冲的脉宽时间之后，电子温度达到最高值，而电子—声子散射过程则相对比较慢，一般为几十到几百皮秒；以飞秒脉冲加热铜为例，电子温度的峰值发生在飞秒量级，与脉冲宽度紧密相关；而晶格温度则在几十皮秒后达到峰值，电子与晶格处于极端非平衡状态。数值计算与实验都表明，双

温度模型极好的描述了飞秒脉冲加热晶格的动力学过程，因此在飞秒加工理论中获得广泛应用。

如果不考虑飞秒脉冲能量密度的影响，因此可从 TTM 方程组导出电子—声子弛豫时间 τ_{ep}，即式（10.6），这个参数有助于帮助人们估计电子温度向晶格温度传递的时间因子。

$$\tau_{ep}=\frac{\tau_e\tau_p(\tau_p+\tau_1)}{\tau_e(\tau_p+\tau_1)+\tau_p\tau_1}+\frac{\tau_e\tau_1}{\tau_e+\tau_1} \tag{10.6}$$

式中：$\tau_1=C_1/\hat{g}$；$\tau_e=C_e/\hat{g}$；τ_p 为脉冲宽度。

2．考虑热波传播的双温方程（ETTM）

双温方程是建立在傅里叶定律基础上的，傅里叶定律的数学表达为

$$q=-k\nabla T \tag{10.7}$$

当加热速度是飞秒量级的超快过程时，傅里叶定律不再成立，取代抛物线型传热方程的是双曲型热传导方程，即式（10.8），在双曲型热传导方程中考虑热波存在与传播过程，有

$$\tau_e\frac{\partial}{\partial t}q_e+q_e=-K_e(T_e)\nabla T_e \tag{10.8}$$

$$\nabla q_e+\frac{\partial}{\partial t}u_e(T_e)=s(x,t)-\hat{g}(T_e-T_1) \tag{10.9}$$

式中：u_e 为电子内能 $u_e(T_e)=0.5\gamma_e T_e^2$；对于 τ_e 来讲，当温度变化比较小时，τ_e 可看作常数；对于飞秒加热过程，τ_e 与电子温度 T_e 与晶格温度 T_1 相关，由下式决定，

$$\tau_e=\frac{1}{A_eT_e^2+B_1T_1} \tag{10.10}$$

因此，上述的双温度方程演化为考虑热波存在和传播时改进的双温度方程（ETTM）为

$$\begin{aligned}\tau\frac{\partial^2}{\partial t^2}u_e(T_e)+\frac{\partial}{\partial t}u_e(T_e)-\frac{\partial}{\partial x}K_e(T_e)\frac{\partial}{\partial x}T_e-K_e(T_e)\frac{\partial^2}{\partial x^2}T_e\\=\left(1+\tau\frac{\partial}{\partial t}\right)s(x,t)-\hat{g}\left(1+\tau\frac{\partial}{\partial t}\right)(T_e-T_1)\end{aligned} \tag{10.11}$$

$$\left(C_1+\Delta H_m\delta(T-T_m)\right)\frac{\partial}{\partial t}T_1=\frac{\partial}{\partial x}\left(K_1\frac{\partial}{\partial x}T_1\right)+\hat{g}(T_e-T_1) \tag{10.12}$$

对 ETTM 的具体推导过程感兴趣者，可参阅 1996 年 B.Hüttner 等的有关文章。

尽管 ETTM 弥补了一些理论上的缺陷，但是飞秒激光与金属相互作用过程的实验数据并没有完全支持改进的双温度方程的结果，或者说，上述的加热电子、电子—声子散射加热晶格这一模型过于简单，并不符合飞秒激光烧蚀金属的实际情况，仅仅只能作为理解金属烧蚀过程中能量传递和热传递过程的基础物理模型。

3．双温度方程与流体力学方程组

由于 ETTM 模型对金属相变过程考虑的过于简单，而相变的动力学过程是与具体某种金属的相图紧密相关。激光能量由电子转移到晶格后，晶格会发生相变。快速加热过

程相当于把金属直接从固态变为气态，完成烧蚀。对于金属这样的小分子，烧蚀过程一般会在几百皮秒量级就启动，于几百纳秒到微秒量级完成。物质的喷发会导致喷流温度迅速变化，这些过程用双温度模型是无法予以描述的。

正是由于飞秒激光与物质相互作用的过程非常快，因此经常使材料处于极端非热平衡状态，这是材料的通常热平衡三相图远不如表征动力学状态的相图（见图 10.1）重要。

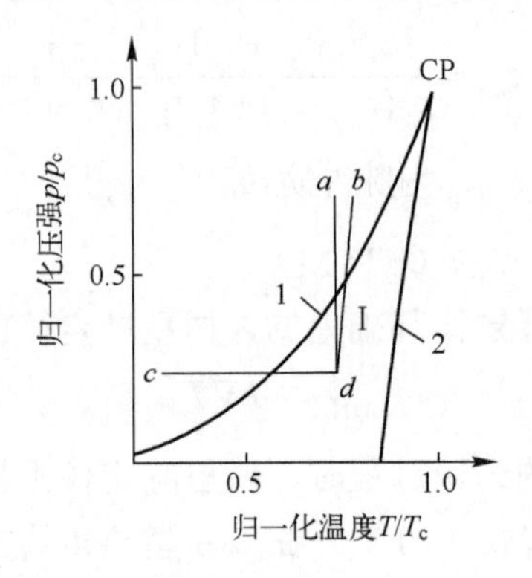

图 10.1　相图示意图（曲线 1 是双节线，曲线 2 是旋节线，区域 I 是亚稳区，瞬间加热过程对应着 c 到 d 的直线，温度达到 $0.85T_c$ 时启动相变爆炸）

图 10.1 中左边的曲线 1 称为双节线，该线是稳定区域和亚稳区域的界线；右边的曲线 2 称为旋节线，它是亚稳区域和不稳定区域的界线；双节线和旋节线的交点为临界点，临界点处物质的液态和气态不再有明显界线。当物质的状态处于双节线左边时，代表物质处于平衡状态；双节线与旋节线围成的中间区域为亚稳态；旋节线外则为非稳态。在图 10.1 中，区域 I 为亚稳区，瞬间加热过程对应着 c 到 d 的直线，当温度达到 $0.85T_e$ 时启动相变爆炸。飞秒激光快速加热物质后，导致物质的温度快速升高，而原子或分子来不及改变密度，物质状态从平衡区某点开始穿越双节线，迅速达到亚稳区或者非稳区。无论物质状态是处于亚稳区还是非稳曲，物质都倾向于回到热平衡状态，然而不同的区间物质回到热平衡状态的方式不同。在亚稳区内，金属已过热液体形态存在，并在外界扰动下回到稳定区，此时对应着熔化过程，烧蚀的完成依靠过热液体的快速蒸发。而在非稳区时，金属以相变爆炸的形式回到平衡区，物质以喷流形式喷出，烧蚀通过相变爆炸完成。

在上面的讨论中，并没考虑到飞秒激光造成的物质本身的变化。当飞秒激光峰值功率足够强，电子的温度足够高时，使得电子迅速远离平衡位置，留下的正离子晶格因为强烈的库仑斥力发生爆炸，这个过程叫库仑爆炸，加工区域的正离子和中性粒子以等离子体喷流形式向外喷发。此后不久（即在微秒量级），若晶格处于过热状态而发生突发的相变，从固态迅猛变为气态，同时伴随着被加工介质的喷发，从而形成第二次爆炸，称为相变爆炸（phase explosion）。图 10.2 给出了飞秒激光与金属相互作用中库仑爆炸与相变爆炸。

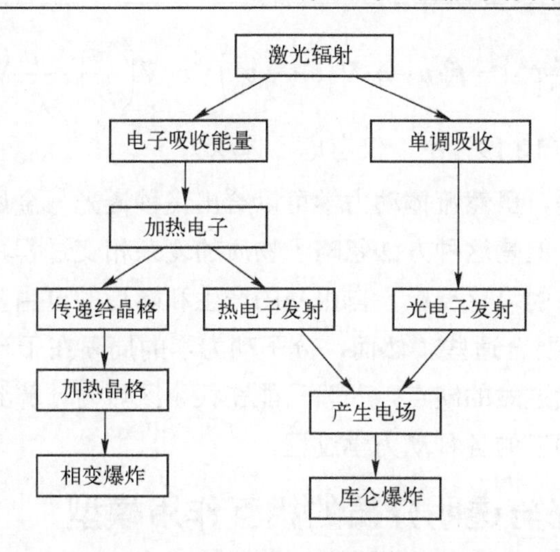

图 10.2 飞秒激光与金属相互作用中库仑爆炸和相变爆炸

在时间上，库仑力引发的库仑爆炸要早于热引起的相变爆炸。另外，无论金属处于过热液体状态还是处于非稳区内的不必区分液态、气态的状态，物质的相变过程都遵循流体动力学方程组。对于上面过程可以用双温度方程和流体力学基本方程组来描述：

$$\frac{\partial}{\partial t}\rho+\nabla\cdot(\rho\boldsymbol{v})=0 \tag{10.13}$$

$$\frac{\partial}{\partial t}\boldsymbol{v}+(\boldsymbol{v}\cdot\nabla)\boldsymbol{v}=-\frac{1}{\rho}\nabla p \tag{10.14}$$

$$\frac{\partial}{\partial t}\left(e+\frac{1}{2}\boldsymbol{v}^2\right)=-\boldsymbol{v}\cdot\nabla\left(e+\frac{1}{2}\boldsymbol{v}^2\right)-\boldsymbol{v}\cdot\nabla\left(\frac{p}{\rho}\right)-\frac{p}{\rho^2}\nabla\cdot(\rho\boldsymbol{v}) \tag{10.15}$$

式中：e为内能；$\boldsymbol{v}$为速度矢量；p与ρ分别为压强与密度。

上述方程还需要气体的范德瓦尔斯方程

$$p=\frac{RT}{V_{\mathrm{m}}-b}-\frac{a}{V_{\mathrm{m}}^2} \tag{10.16}$$

式中：V_{m}为摩尔体积；a与b均为范德瓦尔斯常数，随气体不同而异。

如果发生的是库仑爆炸，则在上面流体力学方程组中需加上库仑斥力项。如果考虑更细致的计算，还应考虑多组分流体，以及加入热传导项和流体的黏性力项；对此感兴趣者，可参考文献[30-31]等。

因为流体力学方程组是非线性的，计算比较繁琐，因此通常都会做一定简化，例如下面的简化形式：

$$\frac{\partial}{\partial t}\rho+\nabla\cdot(\rho\boldsymbol{v})=0 \tag{10.17}$$

$$\frac{\partial}{\partial t}\boldsymbol{v}+(\boldsymbol{v}\cdot\nabla)\boldsymbol{v}=\boldsymbol{f}-\frac{1}{\rho}\nabla p \tag{10.18}$$

$$\frac{\partial}{\partial t}\left(e+\frac{1}{2}\boldsymbol{v}^2\right)=\boldsymbol{f}\cdot\boldsymbol{v}-\boldsymbol{v}\cdot\nabla\left(e+\frac{1}{2}\boldsymbol{v}^2\right)-\boldsymbol{v}\cdot\nabla\left(\frac{p}{\rho}\right)-\frac{p}{\rho^2}\nabla\cdot(\rho\boldsymbol{v}) \tag{10.19}$$

式（10.18）和式（10.19）中，仅考虑了体积力 $\boldsymbol{f}$ 。

最后还应指出的是，虽然流体动力学可以给出飞秒激光与金属相互作用后喷流随时间演化的动力学过程，但是这种方法忽略了物质的复杂相变过程，尤其是存在化学反应时，例如有氧气时发生的氧化反应、自由基的产生和随后的自由基反应等，所以采用分子动力学（MD）方法要合适些。然而，分子动力学的局限在于计算量过大，计算区域过小、动力学的时间段过短的缺点，一般只能在很小区域内计算到 100ps 以内，显然这不足以描述飞秒激光加工的各种动力学过程。

10.3.4 飞秒激光与透明介质的相互作用模型

飞秒激光与非金属相互作用时，由于材料本身并不存在大量电子，因此会有一个自由电子的产生过程。以下分两种情况讨论：①对于窄带半导体材料，窄禁带宽度意味着能量高于带隙的光子可以直接激发价带电子跃迁到导带中，所以即使激光的能量密度很低也有可能产生大量的自由载流子；②对于宽禁带半导体和绝缘体，此时单光子吸收不足以激发电子跃迁，载流子的产生必须通过多光子电离或隧穿效应完成。图 10.3 给出了飞秒激光脉冲与金属、半导体和绝缘体相互作用的时间因子。

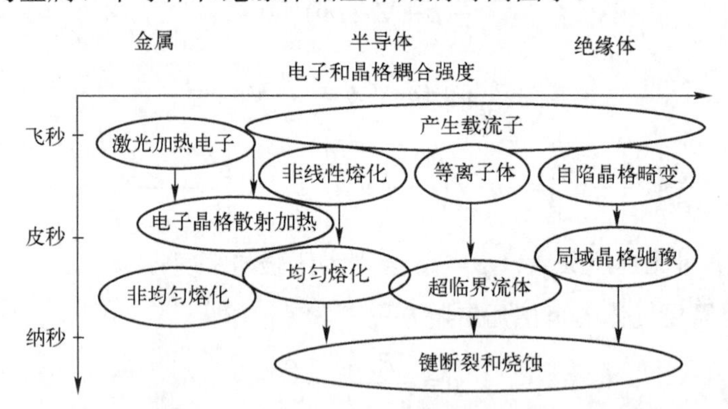

图 10.3　飞秒激光脉冲与金属、半导体和绝缘体相互作用的时间因子

尽管飞秒激光对透明材料的折射率修饰进行过大量研究，但至今仍然没有完整的理论模型。由于飞秒激光已在玻璃、晶体、陶瓷和聚合物等多种材料内部制备了光波导，而光波导是集成光学器件的基础。由于材料自身性能参数和材料性质对激光和物质相互作用的物理机制有重要影响，因此导致了多样化理论模型的出现。多光子电离（multiphoton ionization，MPI）、隧穿电离（tunneling ionization）和雪崩电离(avalanche ionization)都是宽带隙介质的超短脉冲激发通道。通常用 Keldysh 参数 γ 对多光子电离过程和隧道电离过程进行区分，当 $\gamma \ll 1.5$ 时对应隧道电离；当 $\gamma \gg 1.5$ 时对应多光子电离；当 γ 在 1.5 附近时两种电离共同存在。这里 γ 的定义式为

$$\gamma = \frac{\omega}{e}\sqrt{\frac{m_e cn\varepsilon_o E_g}{I}} \tag{10.20}$$

式中：e 和 m_e 分别为电子的电荷和质量；c 为光速；ω 为激光频率；n 为介质的折射率；E_g 为介质的带隙；ε_o 为真空的介电常数；I 为激光强度。

当 γ 大于 1.5 时，多光子电离占主导；反之，则隧道电离占主导。一般说，光电离是多光子电离与隧道电离两者混合而成。光电离速率强烈地依赖于光强。在多光子电离区域，多光子电离速率 $P(I)$ 与光强 I 满足

$$P(I) = \sigma_k I^k \tag{10.21}$$

式中：σ_k 为 k 光子吸收系数；k 应满足 $k\hbar\omega \geqslant E_g$。

而隧道电离对于光强的依赖并不强，它与材料本身的性质有很强的相关性。

雪崩电离包含自由电子吸收和碰撞电离两个过程。碰撞电离是一个带电粒子通过丧失能量的方式生成另一个带电粒子的过程。当光电离产生了自由电子后，自由电子可以通过逆韧致辐射的非谐振过程吸收光子，在这个过程中电子与重带电核（离子或原子核）相碰撞并传递能量，当经历数个逆韧致辐射过程后，自由电子的动能足够大来产生第二个自由电子。如此进行，最终结果是，碰撞电离会导致自由电子雪崩式的增加，如图 10.4 所示。

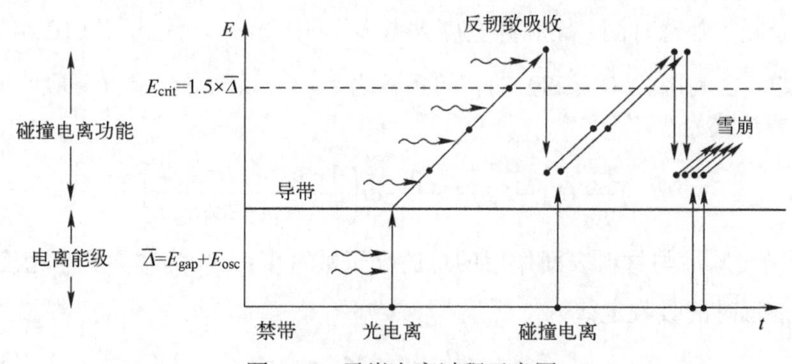

图 10.4　雪崩电离过程示意图

当电子连续吸收 n 个光子后，其中 n 满足 $n\hbar\omega \geqslant E_g$，则电子能量至少超过导带底一个带隙的能量。这时电子就可以通过碰撞使另一个价带电子进入到导带内。碰撞电离的结果是两个电子都位于导带底附近。这样它们又都可以通过吸收足够的激光能量，再去碰撞电离价带内的其他电子。只要激光场持续时间足够长，导带内的电子数密度 N 就可以有如下不断增长的形式：

$$\frac{d}{dt}N = \eta N \tag{10.22}$$

式中：η 为雪崩电离速率。

下面仅讨论飞秒脉冲在透明材料中的多光子吸收模型，为此以下分两步讨论。

（1）单光子吸收模型。

图 10.5 给出了单光子吸收模式图解。

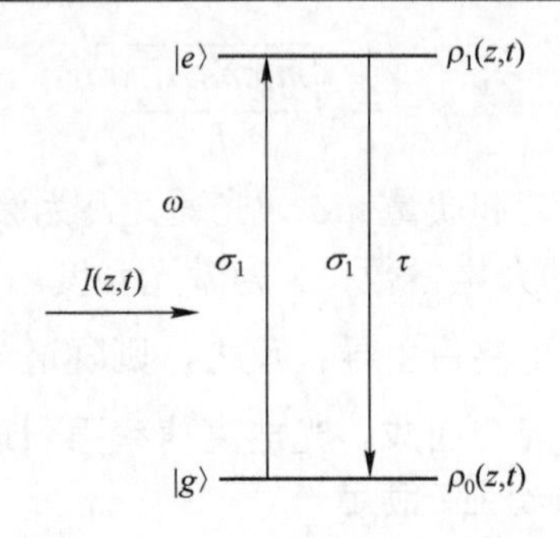

图 10.5　单光子吸收模式图解

$I(z,t)$为t时刻，激光穿透z距离时的通量。令初始态时材料内所有发色团处于 0 级基态，被激光激发后，发色团被激发到 I 级激发态。$\rho_o(z,t)$和$\rho_1(z,t)$分别为表层下z处，t时刻的基状和激发态发色团密度，τ为非辐射衰减的弛豫时间；时域内ρ_o与ρ_1间的关系为

$$\begin{aligned}\frac{\partial}{\partial t}\rho_1(z,t) &= -\frac{\partial}{\partial t}\rho_0(z,t) \\ &= \sigma_1[\rho_0(z,t)-\rho_1(z,t)]I(z,t)-\frac{\rho_1(z,t)}{\tau}\end{aligned} \tag{10.23}$$

式中：σ_1为单光子吸收截面。

注意到衰减的弛豫时间τ比脉冲宽度大得多，即$\tau \gg \tau_p$，因此式（10.23）右侧最后一项可以忽略。在利用式（10.23）的初始条件之后，可以推导出单光子吸收时单脉冲的烧蚀深度d_1表达式为

$$d_1=\frac{2}{\rho_0}(S_0-S_{th})+\frac{2}{\rho_0\sigma_1}\ln\left(\frac{1-\exp(-2\sigma_1 S_0)}{1-\exp(-2\sigma_1 S_{th})}\right) \tag{10.24}$$

式中：S_o为激光脉冲与材料表面作用的总的光子数密度；S_{th}为临界光子密度。

单光子情形时的吸收定律为

$$\frac{d}{dz}S=-\frac{\rho_0}{2}(1-\exp(-2\sigma_1 S)) \tag{10.25}$$

（2）多光子吸收模型。

图 10.6 给出了多光子吸收模型，式（10.23）在省略右侧最后一项后，对多光子吸收模型来讲，变为

$$\frac{\partial}{\partial t}\rho_1(z,t)=\sigma_n[\rho_0(z,t)-\rho_1(z,t)]I^n(z,t) \tag{10.26}$$

对于多光子吸收模型来讲，式（10.25）变为

$$\frac{d}{dz}S=\frac{1}{2}n\rho_0[1-\exp(-2\sigma_n K_n S^n)] \tag{10.27}$$

式中：K_1与K_n可表示为

$$K_1=1 \tag{10.28}$$

$$K_n=A_n/(\tau_p)^{n-1} \tag{10.29}$$

这里τ_{p}为激光脉冲的特征时间；A_n是与脉冲形状有关的常数。式（10.27）的多光子吸收过程所产生的烧蚀深度d_n为

$$d_n = \frac{2}{n\rho_0}\int_{S_{\mathrm{th}}}^{S_0} \frac{\mathrm{d}S}{1-\exp(-2\sigma_n K_n S^n)} \tag{10.30}$$

对于高能流密度（$\sigma_n K_n S^n \gg 1$）时，式（10.30）可简化为

$$d_n = \frac{2(S - S_{\mathrm{th}})}{n\rho_0} \tag{10.31}$$

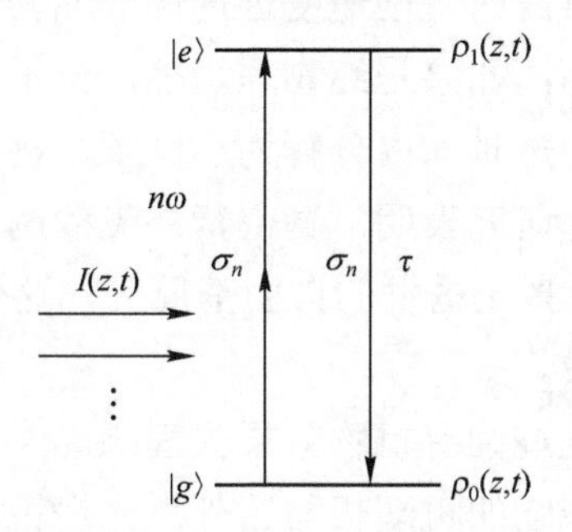

图 10.6　多光子吸收模型图解

10.3.5　飞秒激光与有机物相互作用模型

飞秒激光与有机高分子材料的相互作用与金属和无机物完全不同，其作用过程可分为光化学和热物理两个过程（这两个过程在时间上和空间上都不是独立的）。光化学过程严重依赖于激光波长，不同的波长会产生不同的光化学反应，而且反应速度和反应产物都是由激光的波长和具体的有机分子结构共同决定。高分子材料的主要吸收谱在紫外和中红外波段，这两个波段分别有三种典型的作用机制：①紫外激光烧蚀有机物的相互作用过程；②真空紫外激光烧蚀有机物的相互作用过程；③中红外激光共振烧蚀有机物的相互作用过程。由于近红外飞秒激光通过多光子吸收过程对应着紫外波段的吸收，因此在下面讨论时，只关注紫外、真空紫外和中红外波段飞秒激光的相互作用。

（1）紫外激光烧蚀有机物的机理。

紫外波段划为四个区，分别为 UVA（320～400nm）、UVB（275～320nm）、UVC（200～275nm）和真空紫外（100～200nm）这四个波段。对应着不同的基团的电子跃迁，所以不同波段的紫外激光与高分子材料的相互作用的光化学反应可能完全不同，必须分别讨论。除了光化学反应产物外，还存在着光热物理过程。一部分光子能量以热的形式释放给高聚物分子，升高了加工区域的高分子的强度，热的释放比例与光化学反应的量子产生率决定。热物理过程与光化学过程在时间上也是不可分离的，是两个同时间同空间存在的过程。紫外激光与高聚物反应具有如下特点：①通常会产生小分子产物，并且小分子产生过程是由激光波长和高聚物的分子结构共同决定；②热物理过程不可避免，其影

响程度由光化学反应的量子产率决定。正是由于小分子气体的瞬间产生以及缓慢释放，影响着整个烧蚀动力学过程，所以不同的分子结构、不同的激光参数等，其烧蚀的结果会有千差万别。

（2）真空紫外激光烧蚀有机物的机理。

有机分子在激光光波在 120～260 nm 范围内有丰富的吸收光谱。对应着不同的分子键和官能团，此时能量吸收过程为线性吸收，即单光子吸收，穿透深度满足指数律。当激光波长为真空紫外波段时，激光一般会打开高分子主链，产生单体或二聚物。理论计算表明，纯光学化反应过程引发的烧蚀速度远远快于纯物理过程引发的烧蚀速度，这主要是由于高聚物的分子量很高，如果是纯物理烧蚀，分子获得的加速度不够，而光化学引发自由基反应后，分子在极短时间内分解为小分子，物质状态由混合物的相图决定，因此喷流速度大大提高。理论研究表明，真空紫外飞秒诱发的光化学反应过程远远快于 200～400nm 波段的紫外飞秒激光诱发的自由基反应，这使得真空紫外飞秒激光加工高聚物有着十分广阔的应用前景。

（3）实验证实近红外激光烧蚀有机物效果欠理想。

虽然近红外激光烧蚀高聚物的机理仍与紫外激光烧蚀高聚物相同，区别仅在于近红外激光烧蚀高聚物时，自由基反应是由多光子吸收引发的，而多光子吸收依赖于峰值功率密度，此时自由基反应发生在对激光波长透明的高聚物内部，自由基产生小分子产物，有时还伴随气体小分子，导致高聚物材料内部被撕开的现象。这个缺陷便使得近红外激光烧蚀有机物的加工面临困难。

（4）中红外激光共振烧蚀的机理与实验研究。

实验研究已表明，利用有机分子在中红外波段丰富的共振吸收特性加工高聚物，有望完全保持高分子的分子结构。因为共振烧蚀过程是完全的热物理过程，不诱发任何的化学反应，因此高聚物可以完全保留原来固有的特性。目前共振加工机理主要用于高聚物的镀膜实验。

图 10.7 给出了中红外激光共振加工机理图。中红外波段光子的能量很低，多光子吸收引发电子跃迁到激发态的可能性很小，从而无法引发自由基反应导致高级物的裂解。电子从中红外光子得到的能量通过带间跃迁以极快的速度传递给局域非简谐声子能级，从而使得高聚物被瞬时加热。当高聚物超快加热完成后，加工区域内系统迅速穿越旋节线达到非稳定区，引发热相变爆炸。虽然某些高分子在准静态下并没有气相存在，但实验研究证实，在微秒量级时间以内高分子不会发生降解的，所以在上述超快的热物理过程中，高聚物仍然以原有的大分子形态存在。

对于纯热物理引起的相变爆炸过程来说，分子量至关重要。对于甲苯这样的小分子，流体的喷发速度很快，喷发的启动是皮秒量级，而且流体的温度下降得很快。对于分子量高达 512000 的聚乳酸分子，喷发的启动为纳秒量级的，而且流体的温度下降得很慢。由于中红外飞秒激光源的限制，目前关于共振烧蚀的研究主要集中在利用自由电子激光器中红外脉冲激光辅助镀膜的实验研究方面。

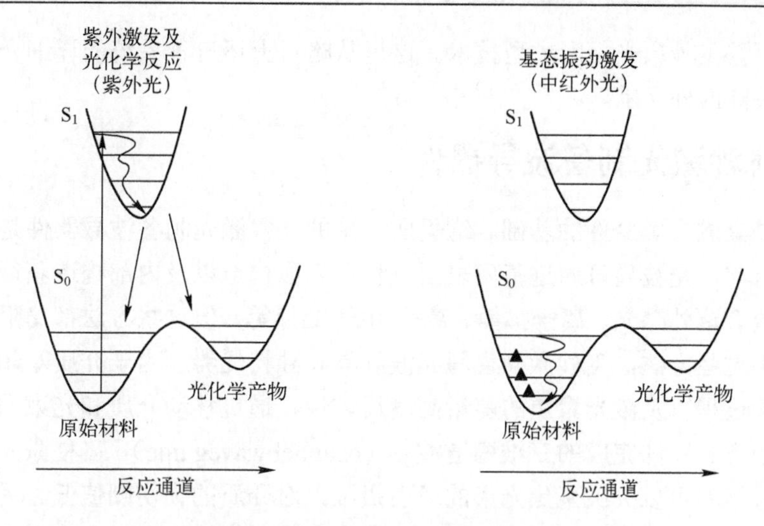

图 10.7　中红外激光共振加工机理图

10.3.6　飞秒激光微纳加工系统

目前工业界用于材料加工与处理的激光系统主要由 CO_2 激光器、Nd:YAG 激光器及准分子激光器等。CO_2 激光器和 Nd:YAG 激光器都是高平均功率、大能量输出的激光加工系统，被广泛应用于激光加工领域。该类激光系统脉宽为连续光到纳秒范围，利用电子对激光光子的共振线性吸收加热材料，达到熔化、蒸发去材料，属于热熔性加工过程。激光脉冲持续时间较长，大于材料的热扩散时间，这导致热影响区域大，主要应用于对金属、合金等材料进行焊接、打孔、切割及表面处理等。紫外准分子激光系统波长短、脉宽通常为纳秒量级，单光子能量较大。通过材料对光子的线性吸收，并发生光化学作用，导致材料化学键破坏，实现对材料的微加工，其属于光化学反应过程，热扩散影响小或可省略。准分子激光器用利用材料对短波长光子的线性吸收来加工，加工精度较前两种激光系统有所提升，但仍限于光学衍射极限。

飞秒激光微加工是飞秒激光脉冲在材料的表面或者内部诱导出微米尺寸结构的过程。材料在飞秒激光极强的光电场中，通过多光子吸收、光致电离和雪崩电离等过程在焦点附近产生高密度的等离子体，导致加工区域的材料结构改变。激光能量是通过使材料电子电离的形式将能量传播到材料的。飞秒激光具有极高的峰值功率与极短的脉冲持续时间，使其与材料的相互作用方式和传统长脉冲激光完全不同。飞秒激光微加工的特点主要可概括成如下四点：①脉冲持续时间极短，且单脉冲能量较小，与材料相互作用时热扩散区域较小，实现“冷”加工，适用于有保护性要求的加工应用，例如对生物组织、易爆炸材料的加工；②材料通过多光子吸收等非线性吸收激光能量，使得在聚焦激光焦点中心区域的结构发生改变，可以突破光学衍射极限达到亚波长的空间加工精度；③飞秒激光可以聚焦到透明材料内部，实现真正的三维微纳加工；④飞秒激光加工具有确定的不依赖于材料的破坏阈值，可实现加工材料种类的多样性。

飞秒激光微纳加工技术包括：①飞秒激光直写加工系统；②飞秒激光多光束干涉微

纳加工系统；③飞秒激光投影成型技术。这里从略对上述三种系统的详细介绍，感兴趣的可查阅相关国内外文献。

10.3.7 飞秒激光制备波导器件

光波导是集成光学器件的基础。这里所讨论的飞秒激光制备波导器件是在透明介质中进行的。目前，光波导可通过基质表面沉积、表面构造以及内部构造获得，制作光波导的方法主要有紫外曝光、离子扩散、离子/中子交换等，但这些方法都局限于二维平面波导。相对于这些方法，飞秒激光直写光波导具有独特优势。由于介质对超短脉冲激光吸收的非线性过程以及激光聚焦的能量高度局域性，通过移动介质和光束的相对位置就可以实现其他方式无法完成的三维槽道波导（channel waveguide）。飞秒激光诱导折射率结构的空间分辨率可以突破聚焦光束的衍射极限，对介质的损伤阈值低。另外，飞秒加工波导不需要苛刻的真空和超净环境以及复杂的光刻工序。这对于制作高集成度、高复杂度和低成本光子器件具有重要的应用价值。

高折射率衬比度（Δn），低传输损耗（propagation loss，PL）和截面对称是飞秒激光直写波导实用化的必要条件。目前飞秒激光直写波导的折射率衬比度为10^{-4}～10^{-2}，传输损耗最低可达到0.1dB/cm，并出现了多种改善波导对称性的有效方法。在波导制备中，影响光波导质量的主要参数来自光学参数以及材料自身性能参数。光学参数有脉冲能量、扫描速度、波长、聚焦情况、重复频率、脉冲宽度、偏振、移动方向等。材料性能参数有带隙、晶态、热学性质和力学性质等。光波导器件分为无源和有源两类。无源波导是集成光子器件的基础，目前已有大量这方面研究成果报导。近年来，飞秒制备光波导的研究主要集中在有源波导。另外，波导的截面形状决定着导模的模场分布，横截面对称的波导结构和标准光纤能实现模式匹配，从而减小了耦合损耗。最后还要指出的是，超短脉冲激光在透明材料中诱导波导器件的技术在光通信、激光器件、微光机系统等领域中已经达到实际应用的程度，目前国际上已开始探讨飞秒激光诱导光波导器件在量子光路方面的应用。

本 篇 习 题

1. 为什么说阻燃材料的研究也属于安全人机工程问题的一部分，对此你如何认识？

2. 选择阻燃剂的一般原则是什么？从1986年起，卤系阻燃剂遇到了Dioxin问题的困扰，基于保护生态环境和人类健康出发，阻燃剂无卤化的呼声逐高。从长远发展的角度来看，阻燃高分子材料向低毒、低烟、无卤化的方向发展是应提倡的，对此你有何认识？

3. 能否举出几个无机阻燃剂的例子吗？阻燃塑料的无机填料例如滑石粉、钛白粉以及高岭土等它们各用于什么工业行业？有何阻燃作用？

4. 能否举几个有机磷系阻燃剂的例子？磷酸酯和膦酸酯是目前使用最广的两类有

机磷系阻燃剂，它们阻燃的机理是什么？

5. 能否举几个阻燃热塑性塑料的例子吗？为什么在聚丙烯（polypropylene，PP）中采用无机阻燃剂或膨胀型阻燃剂，可以降低 PP 热裂或燃烧时生成的烟以及有毒产物量？

6. 能否举几个阻燃热塑性工程塑料的例子吗？聚酰胺（polyamide，PA）和聚碳酸酯（polycarbonata，PC），在阻燃方面各有什么特点？它们常用于什么行业呢？

7. 聚酯纤维是合成纤维中产量最大、用途最广的一种品种，它的阻燃化问题早为人们所重视。工业化的阻燃聚脂纤维主要采用共缩聚阻燃改型方法制造，你能否以阻燃涤纶纺线 Trevira CS 为例，说一下改性后的性能与阻燃性？

8. 在现有的阻燃纺织物中，阻燃纤维素织物是最普通的，而且已有一些可用的阻燃工艺。大多数 P-N 系阻燃剂用于纤维素材料时，可降低这类材料热裂解或燃烧时挥发性的生成量，并催化炭层的形成。但研究表明，只有当纤维素中的阻燃剂含量达 10%时，它才具有一定的阻燃性。阻燃剂与纤维素反应使后者脱水，是阻燃纤维素的重要模式。为了使纤维素获得阻燃性，阻燃剂必须存在于纤维素中。你可以通过查阅相关资料之后，谈一下纤维素阻燃性与阻燃元素磷含量的关系如何？

9. 什么叫本质阻燃高聚物？你能否举出几个例子？在高聚物分子中同时引入无机及有机元素为什么会提高高聚物的耐热性、阻燃性以及抗氧化性呢？

10. 为什么说研究聚合物纳米复合材料中纳米粒子对阻燃起何作用时离不开现代仪器与现代分析方法呢？

11. 锥形量热仪可以为材料的阻燃性能问题提供哪些重要参数？

12. 为什么早在 1993 年 Toyota 小组首次发现将纳米粘土粒子作为增强相分散于聚合物中，可以改善材料的许多力学性能。此外，材料的阻隔性能、热蚀性能、热稳定性以及阻燃性能均有所改善。但是，纳米复合材料提高的阻燃性能仅限于释热性，且往往还会恶化材料的 TTI 和自然时间。至今，国际上仍有许多学者在借助于世界上相关先进分析仪器与分析方法还仍在探讨聚合物纳米复合材料中，纳米粒子在阻燃方面所起的作用。对此，你对这种敬业精神有何认识？

13. 在生命科学的研究中，通过对实时监测各类生物分子，如蛋白质、核酸、多糖、脂类，甚至细胞之间的相互作用的整个过程，有助于对人们癌症的控制和诊治，对此你有何认识，请举例说明。

14. 纳米技术在功能材料以及复合材料制备中广泛被采用，在本书第三篇的第 5 章～第 8 章中，更多地是关注阻燃以及阻燃材料方面的问题。其实，在安全人机工程中，“安全”模块绝不是仅限于通常意义下的安全含义，工作者自身的安全以及防病治病问题应是“安全”模块应涵盖的重要方面之一。为此，本书第 9 章“纳米技术及其在复合材料与微纳器件中的应用”中，专门讨论了纳米光电技术与微纳器件用于诊断早期肝癌的问题。你能否谈一下，为什么在现代医院中去诊断患者疾病时都使用现代医疗设备和检测仪器？而这些检测仪器都离不开微纳器件。

15. 在现代高科技工业中，微纳器件应用极广泛，而这些器件的制备或者制造离不开飞秒激光加工技术。为此，在本中的第 10.3 节中详细讨论了飞秒激光与金属、透明介质以及有机物相互作用的模型问题。你能否以飞秒激光与金属相互作用为例，谈一下该模型中所用的流体力学基本方程和传热学中的傅里叶定律，与经典流体力学、传热学中这些方程的适用范围有何不同？为什么说材料的热平衡三相图远不如表征动力学状态的相图重要？

16. 近红外激光烧蚀有机物材料时所面临的困难是什么？

17. 为什么采用中红外飞秒激光，使用共振烧蚀方式去选择性的加工高分子薄膜时候，必须采取单脉冲加工方式？

18. 紫外激光波段有哪四个波段？你能否以聚乙烯分子，在有氧气氛下，紫外激光与聚乙烯的相互作用为例，首先产生光氧化物，随后光氧化的聚乙烯分子会通过两个反应通道，一个产生自由基，另一个产生裂解物，写出这个过程的表达式。接着，由上面产生的自由基和裂解产物进行反应，便可得到最终产物，写出这个过程的反应表达式。

第四篇　低维光纤光栅功能器件

20 世纪 80 年代以来，科学家们发现与制备了一系列低维材料（例如零维的量子点、一维的纳米管和纳米线、二维的石墨烯和石墨炔等），它们具有独特的结构和优异的性质，以满足未来社会对材料与器件的多功能化需求。本篇侧重讨论光纤这类低维材料以及光纤 Bragg 光栅这类特殊器件理论与特性的物理基础，在光波导的框架下，针对单色光波从 Maxwell 方程组出发推出 Helmholtz 方程，该方程加上边界条件即可求出任意波导中光波场的场分布。引入光纤布拉格光栅（fiber Bragg grating，FBG）和“模式”的概念，在 FBG 耦合模式理论框架下，得到光纤光栅区域光场模式应满足的耦合方程组，求解该方程组便获得光纤光栅的光谱特性[59]。光纤光栅的不同光谱特性呈现出不同的传输或调制特性，因而可构成不同功能的光纤器件[60]。以上便构成了本篇的第 11 章内容，而可穿戴光纤光栅的人体温度传感的实时测量问题构成了本篇的第 12 章。

第11章 光纤 Bragg 光栅理论与特性

11.1 光纤光栅发展的概况及应用

1978 年 Hill 等人首次研制出世界上第一个光纤光栅[61]——FBG，1993 年他又提出了写入 FBG 的相位掩模法[62]。相位掩模法是目前为止最成熟的 FBG 写入方法[63]，该方法降低了写入装置的复杂程度，简化了光纤光栅的写入过程，并且对周围环境的要求大大降低，这就使得大规模批量生产光纤光栅成为可能，极大地推动了光纤光栅的发展及其在光纤通信和传感领域中的应用。

光纤光栅是一种通过一定方法使光纤纤芯的折射率发生轴向周期性调制而形成的衍射光栅，是一种无源滤波器件。由于光纤光栅具有体积小、熔接损耗小、全兼容于光纤、能埋入智能材料等优点，并且其谐振波长对温度、应变、折射率、浓度等外界环境的变化比较敏感，因此在光纤通信和传感领域获得了广泛应用，这里因篇幅所限，仅概述一下 FBG 在传感领域中的应用，主要表现在以下 3 个方面。

（1）单参数传感。

FBG 的单参数测量主要指实现对温度、应变、浓度、折射率、磁场、电场、电流、电压、速度、加速度等参数的测量，这里仅例举两个例子说明其灵敏度与分辨率，一个是文献[64]用谐振波长分别为 800nm 与 1550nm 的 FBG 进行了温度传感实验，其波长的灵敏度分别为 $6.8\text{pm}\cdot℃^{-1}$ 和 $13\text{pm}\cdot℃^{-1}$；另一个是文献[65]将 FBG 放进氢氟酸溶液中进行处理，最后得到了较薄的 FBG 折射率传感器。实验结果表明，在外界折射率约为 1.45 和 1.333 左右时，FBG 传感器对折射率分别可达 10^{-5} 和 10^{-4}。

（2）多参数传感。

这里多参数传感指包括两个或两个以上参数的传感。相比于其他传感器，光纤传感具有突出的特点，它可以利用一个或多个 FBG 级联或与其他传感器结合通过测量谐振波、幅值、偏振态或其他参量的变化可实现多参数的测量。目前在多参数传感技术研究中，最成熟的是温度—应变的同时测量技术。例如文献[66]利用石英毛细管封装两个级联的具有不同谐振波长的 FBG，实现了温度和应变的同时测量。再如文献[67]利用一个机械转换器将油井的压力转换为应力，从而实现了利用 FBG 同时测量油井的压力和温度状况；另外，他们还做了利用 FBG 作为传感器时的可靠性实验。实验表明，在工作状态下 FBG 可以承受高达 250℃的温度和 100MPa 压力。

（3）分布式传感。

应用光纤光栅可实现毫米级空间分辨率的应变分布式测量。例如文献[68]利用可调谐参考光栅和低相干性反射技术实现了任意分布的应变传感，其应变精度为 50με，空间分辨率为 0.8mm；再如文献[69]采用群延迟直接测量技术进行 FBG 内应力分布式传感实验，其应变精度为 24με，空间分辨率为 1.65mm。

11.2　Maxwell 方程组与 Holmholtz 方程

光纤是一种介质光波导，这种波导有如下特点：①无传导电流；②无自由电荷；③线性各向同性。在其中传播的电磁波遵从 Maxwell 方程组[14,30]：

$$\begin{cases}\nabla\times\boldsymbol{H}=\dfrac{\partial\boldsymbol{D}}{\partial t}\\ \nabla\times\boldsymbol{E}=-\dfrac{\partial\boldsymbol{B}}{\partial t}\quad\text{（Faraday定律）}\\ \nabla\cdot\boldsymbol{D}=0\quad\quad\text{（Coulomb定律）}\\ \nabla\cdot\boldsymbol{B}=0\end{cases}\tag{11.1}$$

式中：$\boldsymbol{E}$、$\boldsymbol{D}$、$\boldsymbol{H}$ 及 $\boldsymbol{B}$ 分别为电磁强度、电位移矢量、磁场强度及磁感应矢量；∇ 为 Hamilton 微分算子[31]；其中 $\boldsymbol{D}$ 与 $\boldsymbol{E}$ 以及 $\boldsymbol{B}$ 与 $\boldsymbol{H}$ 有如下关系

$$\boldsymbol{D}=\varepsilon\boldsymbol{E}\tag{11.2}$$

$$\boldsymbol{B}=\mu\boldsymbol{H}\tag{11.3}$$

式中：μ 是材料的磁导率；ε 为材料的介电常数。

在光纤中电磁场传播的边界特点是，在两种介质交界面（即光纤纤壁）处电磁场满足的边界条件是 $\boldsymbol{E}$ 与 $\boldsymbol{H}$ 的切向分量连续、$\boldsymbol{D}$ 与 $\boldsymbol{B}$ 的法向分量连续，即：

$$\begin{cases}\boldsymbol{n}\cdot(\boldsymbol{D}_2-\boldsymbol{D}_1)=0\\ \boldsymbol{n}\cdot(\boldsymbol{B}_2-\boldsymbol{B}_1)=0\\ \boldsymbol{n}\cdot(\boldsymbol{E}_2-\boldsymbol{E}_1)=0\\ \boldsymbol{n}\cdot(\boldsymbol{H}_2-\boldsymbol{H}_1)=0\end{cases}\tag{11.4}$$

将式（11.2）和式（11.3）代入式（11.1）取旋度并利用如下矢量恒等式：

$$\nabla\times(\nabla\times\boldsymbol{E})=\nabla(\nabla\cdot\boldsymbol{E})-\nabla^2\boldsymbol{E}\tag{11.5}$$

$$\nabla\cdot\boldsymbol{E}=\nabla\cdot\left(\frac{\boldsymbol{D}}{\varepsilon}\right)=-\boldsymbol{E}\cdot\frac{\nabla\varepsilon}{\varepsilon}\tag{11.6}$$

可得关于 $\boldsymbol{E}$ 的方程式

$$\nabla^2\boldsymbol{E}+\nabla\left(\boldsymbol{E}\cdot\frac{\nabla\varepsilon}{\varepsilon}\right)=\varepsilon\mu\frac{\partial^2\boldsymbol{E}}{\partial t^2}\tag{11.7}$$

或者关于 $\boldsymbol{H}$ 的方程式

$$\nabla^2\boldsymbol{H}+\left(\frac{\nabla\varepsilon}{\varepsilon}\right)\times(\nabla\times\boldsymbol{H})=\varepsilon\mu\frac{\partial^2\boldsymbol{H}}{\partial t^2}\tag{11.8}$$

式中：∇^2 代表 Laplace 算子。

式（11.7）和式（11.8）称为矢量波方程。注意到，在光纤中，折射率（或介电常数）变化非常缓慢，例如在 1μm 距离上折射率的变化小于 4×10^{-4}，因此可近似认为 $\nabla\varepsilon\approx0$，这时式（11.7）和式（11.8）可简化为

$$\nabla^2 \boldsymbol{E}=\varepsilon\mu\frac{\partial^2 \boldsymbol{E}}{\partial t^2} \tag{11.9}$$

$$\nabla^2 \boldsymbol{H}=\varepsilon\mu\frac{\partial^2 \boldsymbol{H}}{\partial t^2} \tag{11.10}$$

对于光纤中的一般问题，均可用标量 E 的波方程代替 $\boldsymbol{E}$ 的波方程，于是式（11.9）与式（11.10）变为

$$\nabla^2 E=\varepsilon\mu\frac{\partial^2 E}{\partial t^2} \tag{11.11}$$

$$\nabla^2 H=\varepsilon\mu\frac{\partial^2 H}{\partial t^2} \tag{11.12}$$

如果在光纤中传播的是单色光波，即电磁波具有确定的振荡频率 f 和角频率 ω，并有

$$\omega=2\pi f \tag{11.13}$$

令 $\varPhi$ 代表 $\boldsymbol{E}$ 或 $\boldsymbol{H}$ 的某一场分量，令

$$\varPhi(x,y,z,t)=\varPsi(x,y,z)\exp(\mathrm{i}\omega t) \tag{11.14}$$

将式（11.14）代入标量波动方程，得

$$\nabla^2\varPsi(x,y,z)+k^2\varPsi(x,y,z)=0 \tag{11.15}$$

式中：k 是光纤中光波的波数

$$k=\omega\sqrt{\varepsilon\mu}=\frac{2\pi}{\lambda}=nk_0 \tag{11.16}$$

这里 λ 是光纤中光波的波长，n 为折射率，k_0 是真空中光波的波数，即

$$k_0=\frac{2\pi}{\lambda_0} \tag{11.17}$$

式（11.15）便称为 Holmholtz 方程，它对任何电磁方程都适用。

11.3 波导场方程及横向与纵向分量的表达

Holmholtz 方程一个重要特点是，算子 ∇^2 作用于 $\varPsi$ 上等于 $\varPsi$ 与 $-k^2$ 的乘积。这类方程在数学上称为本征方程，k 为本征值。通常将本征解定义为“模式”，每一个模式对应于沿光纤轴向传播的一种电磁波。电磁波在纵向（即轴向）以“行波”的形式存在；在横向以“驻波”的形式存在。于是 $\varPsi(x,y,z)$ 可表示为

$$\varPsi(x,y,z)=\psi(x,y)\exp(-\mathrm{i}\beta z) \tag{11.18}$$

将式（11.18）代入到式（11.15）后，得

$$\nabla_\tau^2\psi(x,y)+\chi^2\psi(x,y)=0 \tag{11.19}$$

式中：∇_τ^2 为横向 Laplace 算子。

$$\nabla_\tau^2\equiv\nabla^2-\frac{\partial^2}{\partial z^2} \tag{11.20}$$

而式（11.19）和式（11.18）中，χ 和 β 分别为横向和纵向传播常数。式（11.19）就是光纤波导中光传播时所遵从的波导场方程，式中 $\psi(x,y)$ 代表 $\boldsymbol{E}$ 和 $\boldsymbol{H}$ 的横向场分布，即有

$$\nabla_\tau^2\begin{bmatrix}\boldsymbol{E}(x,y)\\ \boldsymbol{H}(x,y)\end{bmatrix}+\chi^2\begin{bmatrix}\boldsymbol{E}(x,y)\\ \boldsymbol{H}(x,y)\end{bmatrix}=0 \tag{11.21}$$

令下标 τ 表示垂直于 Z 方向的横向；$\boldsymbol{l}_z$ 为沿 Z 方向的单位矢量。在求解光纤中的光场时 $\boldsymbol{E}$ 与 $\boldsymbol{H}$ 可分解为纵向分量和横向分量之和，即

$$\boldsymbol{E}=\boldsymbol{E}_\tau+\boldsymbol{E}_z,\quad \boldsymbol{H}=\boldsymbol{H}_\tau+\boldsymbol{H}_z \tag{11.22}$$

微分算子 ∇ 也可分解为纵向和横向的迭加，即

$$\nabla=\nabla_\tau+\boldsymbol{l}_z\frac{\partial}{\partial z} \tag{11.23}$$

在正规光波导中，光场的横向与纵向分量可用如下分离形式表示为[70-72]

$$\begin{bmatrix}E_\tau\\ E_z\\ H_\tau\\ H_z\end{bmatrix}(x,y,z,t)=\begin{bmatrix}e_\tau\\ e_z\\ h_\tau\\ h_z\end{bmatrix}(x,y)\exp(\mathrm{i}\omega t-\mathrm{i}\beta z) \tag{11.24}$$

或者

$$\begin{bmatrix}\boldsymbol{E}\\ \boldsymbol{H}\end{bmatrix}(x,y,z,t)=\begin{bmatrix}\boldsymbol{e}\\ \boldsymbol{h}\end{bmatrix}(x,y)\exp(\mathrm{i}\omega t-\mathrm{i}\beta z) \tag{11.25}$$

如果不涉及光纤中的非线性问题，则光波在光纤中传输时 ω 保持不变。在这种情况下，$\exp(\mathrm{i}\omega t)$ 项可以略去，于是式（11.25）可简化为

$$\begin{bmatrix}\boldsymbol{E}\\ \boldsymbol{H}\end{bmatrix}(x,y,z)=\begin{bmatrix}\boldsymbol{e}\\ \boldsymbol{h}\end{bmatrix}(x,y)\exp(-\mathrm{i}\beta z) \tag{11.26}$$

式（11.26）中，β 为传播常数；$\boldsymbol{e}(x,y)$ 和 $\boldsymbol{h}(x,y)$ 都是复矢量，它表示了 $\boldsymbol{E}$ 和 $\boldsymbol{H}$ 沿光纤横截面的分布，称为模式场。在式（11.24）和式（11.25）中，有

$$\boldsymbol{E}=\boldsymbol{E}_\tau+\boldsymbol{E}_z,\quad \boldsymbol{H}=\boldsymbol{H}_\tau+\boldsymbol{H}_z \tag{11.27}$$

$$\boldsymbol{e}=\boldsymbol{e}_\tau+\boldsymbol{e}_z,\quad \boldsymbol{h}=\boldsymbol{h}_\tau+\boldsymbol{h}_z \tag{11.28}$$

所谓 TE 模或 TM 模是指模式只有一个纵向分量，例如 TE 模是指 $\boldsymbol{e}_z=0$，但 $\boldsymbol{h}_z\neq0$；TM 模是指 $\boldsymbol{h}_z=0$，但 $\boldsymbol{e}_z\neq0$；所谓 HE 模或 EH 模是指模式的两个纵向分量都不为零，即 $\boldsymbol{h}_z\neq0$，$\boldsymbol{e}_z\neq0$；

11.4 FBG的耦合模式理论概述

耦合模式理论常用来定量分析Bragg光栅的衍射效率和光谱特性[73-74]，由于它简单精确，已成为分析Bragg光栅特性的常用方法。如果将光栅中的横向电场分解为理想模式之和，这些模式可以通过求解无微扰光纤而得，其下标为m，得

$$E^{\mathrm{T}}(x,y,z,t)=\sum_{m}[A_m(z)\exp(\mathrm{i}\beta_m z)+B_m(z)\exp(-\mathrm{i}\beta_m z)]e_m^{\mathrm{T}}(x,y)\exp(-\mathrm{i}\omega t) \tag{11.29}$$

式中：$A_m(z)$与$B_m(z)$分别为第m阶模场沿$+z$与$-z$方向缓慢变化的幅度；$e_m^{\mathrm{T}}(x,y)$为横向模场；β为传输常数，其表达式为

$$\beta=\frac{2\pi}{\lambda}n_{\mathrm{eff}} \tag{11.30}$$

在理想情况下，各阶次模式之间没有能量交换，然而由于光栅中周期性介电微扰的引入导致了模间耦合的产生。在这种情况下，$A_m(z)$与$B_m(z)$沿纵向的变化为

$$\frac{\mathrm{d}A_m}{\mathrm{d}z}=\mathrm{i}\sum_{q}A_q(C_{qm}^{\mathrm{T}}+C_{qm}^{\mathrm{L}})\exp\left[\mathrm{i}(\beta_q-\beta_m)z\right]+\mathrm{i}\sum_{q}B_q(C_{qm}^{\mathrm{T}}-C_{qm}^{\mathrm{L}})\exp\left[-\mathrm{i}(\beta_q+\beta_m)z\right] \tag{11.31}$$

$$\frac{\mathrm{d}B_m}{\mathrm{d}z}=-\mathrm{i}\sum_{q}A_q(C_{qm}^{\mathrm{T}}-C_{qm}^{\mathrm{L}})\exp[\mathrm{i}(\beta_q+\beta_m)z]-\mathrm{i}\sum_{q}B_q(C_{qm}^{\mathrm{T}}+C_{qm}^{\mathrm{L}})\exp[-\mathrm{i}(\beta_q-\beta_m)z] \tag{11.32}$$

第m阶与第q阶模式的横向耦合系数为

$$C_{qm}^{\mathrm{T}}(z)=\frac{\omega}{4}\iint_{\infty}\Delta\varepsilon(x,y,z)e_q^{\mathrm{T}}(x,y)e_m^{\mathrm{T}}(x,y)\mathrm{d}x\mathrm{d}y \tag{11.33}$$

式中：$\Delta\varepsilon(x,y,z)$为介电微扰。

对于光纤Bragg光栅是一种反射型光栅，光栅中的模式属于反向模式的耦合，对于式（11.31）和式（11.32）进行简化（可参阅文献[75-76]所进行的简化过程），得模式耦合方程组

$$\begin{cases}\dfrac{\mathrm{d}A^{+}}{\mathrm{d}z}=\mathrm{i}\zeta^{+}A^{+}(z)+\mathrm{i}kB^{+}(z)\\[2ex]\dfrac{\mathrm{d}B^{+}}{\mathrm{d}z}=-\mathrm{i}\zeta^{+}B^{+}(z)-\mathrm{i}k^{*}A^{+}(z)\end{cases} \tag{11.34}$$

式中，

$$\begin{cases}A^{+}(z)=A(z)\exp(\mathrm{i}\delta_d z)\\B^{+}(z)=B(z)\exp(-\mathrm{i}\delta_d z)\\\zeta^{+}=\delta_d+\zeta\\\delta_d=\beta-\dfrac{\pi}{\Lambda}=2\pi n_{\mathrm{eff}}\left(\dfrac{1}{\lambda}-\dfrac{1}{\lambda_d}\right)\end{cases} \tag{11.35}$$

在式（11.35）中，λ_d是FBG的设计波长；Λ为光纤光栅的周期；n_{eff}为纤芯的有

效折射率；ζ 为复数因子，用来描述光栅的吸收损耗；λ_d 的表达式为

$$\lambda_d = 2n_{\text{eff}}\Lambda \tag{11.36}$$

另外，在式（11.34）中，$A^+(z)$ 和 $B^+(z)$ 分别表示正向（又称前向）和反向（又称后向）传输的纤芯模；此外，（8.35）式又可整理为关于 $A(z)$ 与 $B(z)$ 的耦合方程组：

$$\begin{cases} \dfrac{\mathrm{d}A(z)}{\mathrm{d}z} = B(z)K_{12}\exp(-\mathrm{i}2\delta z) \\ \dfrac{\mathrm{d}B(z)}{\mathrm{d}z} A(z)K_{21}\exp(\mathrm{i}2\delta z) \end{cases} \tag{11.37}$$

这里 K_{12} 和 K_{21} 为模式耦合系数。

对于单模 Bragg 光栅，则式（11.34）中的 ζ 以及 k 等可简化为

$$\zeta = \frac{2\pi}{\lambda}\overline{\delta}_1 \tag{11.38}$$

$$k = k^* = \frac{\pi}{\lambda}s\overline{\delta}_1 \tag{11.39}$$

这里 $\delta_1 \equiv \delta n_{\text{eff}}$，$s$ 为折射率调制的条纹可见度。

11.5　Rouard 方法与 FBG 的特性

文献[77]改进的分析波导光栅光谱特性的方法，是一种适合所有光栅，包括周期性光栅、非周期性光栅的十分便捷的分析方法，它通过计算每个光栅周期的反射而不是求解复杂的模式耦合方程。该方法需要知道每一段光栅单元的基本特性，最后通过递归分析获得整个光栅的光谱响应。该方法又称 Rouard 方法，理论上可以证明，使用该方法得出的与求解模式耦合方程组有相同的结果。因篇幅所限，Rouard 方法不作详细讨论，感兴趣者可参阅 Hall 等人的文章。

11.5.1　Bragg 条件

所谓 Bragg 条件实际上是满足动量与能量守恒的一种简单表达：①满足能量守恒，即

$$h\omega_f = h\omega_i \tag{11.40}$$

也就要求入射光与反射光频率相同；②满足动量守恒，要求入射波矢量 $\boldsymbol{K}_i$ 与光栅波矢量 $\boldsymbol{K}$ 之和等于散射波矢量 $\boldsymbol{K}_f$，即

$$\boldsymbol{K}_i + \boldsymbol{K} = \boldsymbol{K}_f \tag{11.41}$$

光栅的波矢量幅度大小为 $2\pi/\Lambda$，方向与光栅面的法向一致，于是动量守恒条件变为

$$2\left(\frac{2\pi n_{\text{eff}}}{\lambda_B}\right) = \frac{2\pi}{\Lambda}$$

可简化为

$$\lambda_B = 2\pi n_{\text{eff}} \Lambda \tag{11.42}$$

式中：λ_B 为光纤 Bragg 光栅波长。

11.5.2 均匀光纤 Bragg 光栅的反射率

假定均匀光纤 Bragg 光栅纤芯平均折射率为 n_0，沿光纤轴向折射率可表达为

$$n(z) = n_0 + \Delta n \cos\left(\frac{2\pi z}{\Lambda}\right) \tag{11.43}$$

式中：Δn 为折射率扰动的大小（典型值为$10^{-5} \sim 10^{-3}$）；z 为沿光纤轴向的位移。

文献[78]给出了反射率 $R(l,\lambda)$ 的表达式：

$$R(l,\lambda) = \frac{\Omega^2 \sinh^2(sl)}{(\Delta k)^2 \sinh^2(sl) + s^2 \cosh^2(sl)} \tag{11.44}$$

式中：l 与 λ 分别为光栅长度和波长；Ω 为耦合系数；$\Delta k = k - \pi / \lambda$，$k = 2\pi n_0 / \lambda$ 为传播常数；sinh 与 cosh 分别为双曲正弦与双曲余弦；s^2 为

$$s^2 = \Omega^2 - (\Delta k)^2 \tag{11.45}$$

11.5.3 均匀 FBG 的应变与温度灵敏性

在式（11.42）的基础上，可导出应变与温度变化对 FBG 中心波长的漂移 $\Delta\lambda_B$，为

$$\Delta\lambda_B = 2\left(\Lambda\frac{\partial n_{\text{eff}}}{\partial l} + n_{\text{eff}}\frac{\partial \Lambda}{\partial l}\right)\Delta l + 2\left(\Lambda\frac{\partial n_{\text{eff}}}{\partial T} + n_{\text{eff}}\frac{\partial \Lambda}{\partial T}\right)\Delta T \tag{11.46}$$

式中：第一项表示应变对光纤的影响，它对应于光栅周期 Λ 以及折射率的改变；第二项表示温度对光栅的影响，它对应于热膨胀改变光栅间隔和折射率的改变。

由式（11.46）可知，外界扰动导致的光栅中心波长的任何改变，都是温度与应变两者的共同作用。因此，当只关心一种环境因素改变的情况时，温度和应变的分别测量就显得格外重要了。

第12章　可穿戴光纤光栅人体温度的实时测量

这里可穿戴光纤技术是指将光纤传感器可直接穿在身上，与衣服整合在一起，相比于可穿戴电学传感器，光纤传感器本身天然具有本质安全、不受电磁干扰、灵敏度高、质量轻、体积小、易于联网，特别是光纤与织物纤维具有兼容性，使其能够织入织物，提高了穿着的舒适性。

光纤光栅传感解调都需要借助于光谱分析仪或者光纤光栅解调系统。光谱分析仪对光纤光栅传感器探测到的光谱信息进行解调方便，但存在着波长分辨率较低的缺点，另外它需要对待测的光谱信号扫描采样，因此存在着解调范围大、解调速度慢等缺点。为了对光纤光栅传感器反射回来的光谱信号实现快速、高分辨率的解调，采取了以波长编码，发展了多种光纤光栅解调系统，例如匹配FBG可调滤波解调法以及阵列波导光栅解调法等。显然，读懂这些解调方法不是本章所要求，它应属信息与电子工程专业学生所应具备的知识，这些解调方法超出了安全人机工程专业和系统工程等专业学生所涉及的课程内容，因此本章在编写测温的实时测量时仅能以宏观的技术框架进行，以便使读者对光纤光栅传感实时测温问题有一个宏观的全面了解。

12.1　光纤光栅人体温度传感封装的关键技术

可穿戴光纤光栅温度传感器增敏封装采用了聚合物封装技术，光纤光栅可显著提高其温度灵敏度系数。在封装过程中，对光纤光栅施加了一定的预应力，以保证光纤光栅平直并位于中心线的凹槽内，保证了传感光纤光栅在有效长度上产生均匀的热变形，保证了光纤光栅反射波长与温度有良好的线性关系。

为了把光纤温度传感器植入织物，同时不损伤光纤和传感器，不受反复弯折影响，且保证与织物经纬纱运动协调一致，采用大管与小管相结合的织造方法，使最终封装后的光纤光栅温度传感器协调地植入织物中。

12.2　非均匀环境下人体皮肤温度的计算

早在《安全人机工程学》2007年第1版的第11.4节（即348-360页）“车辆人—机—环境系统中乘员热舒适性的数值计算”中，就使用Navier-Stokes方程求解了车室中空气的流动，用Pennes提出的生物热方程求解人体皮肤的温度分布，人体采用了划分15个段（即头、颈、躯干、上臂、前臂、手、大腿、小腿和脚），用数值求解的方法获得了人体各段皮肤表面的温度分布，然后进行人体的热舒适性计算与 EQT 评价[79-81]。图 12.1～图 12.6 给出了文献[6]给出的数值计算的一些结果，其中图 12.1 给出了有驾驶员与乘员的车室示意图；图 12.2 为人体划分的 15 个节段；图 12.3 为冬季情况下人体的热舒适范围；图 12.4 为夏季情况下人体的热舒适范围；文献[6]第 360 页给出了算例的结果（如图 12.5 所示）。图 12.6 给出了车室内人体热舒适性计算的总框图，文献[80,82]给出了求解人体生物热方程时，人体皮肤的边界条件。

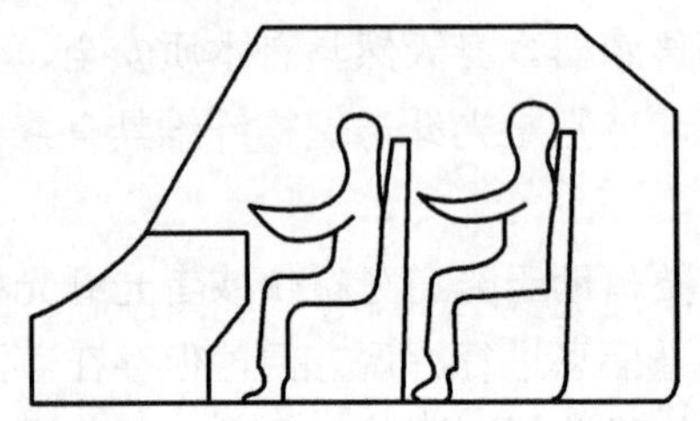

图 12.1　有驾驶员与乘员的车室图

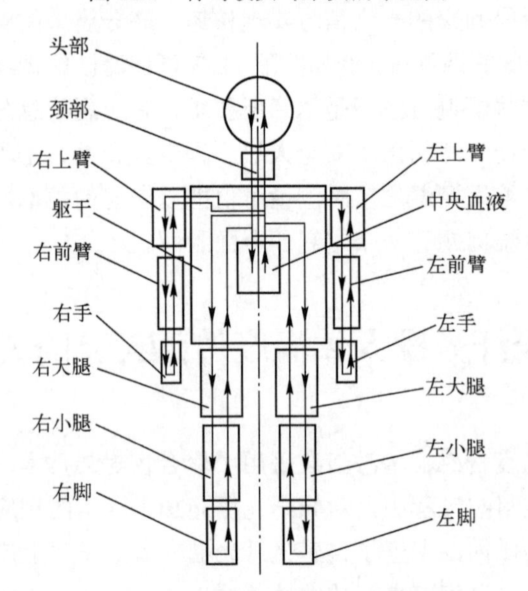

图 12.2　人体划分的 15 个节段

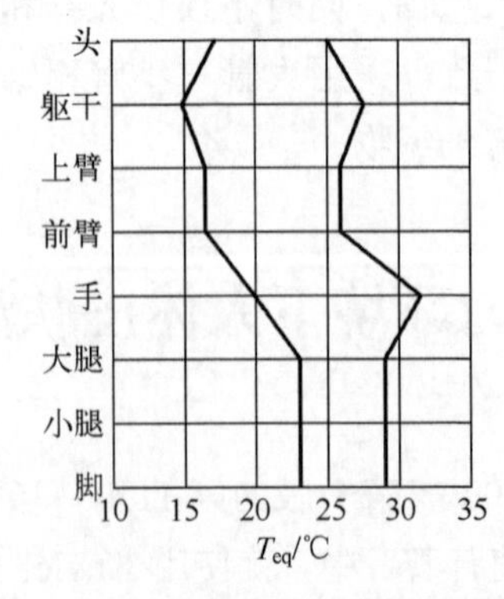

图 12.3　在冬季时人体的热舒适范围

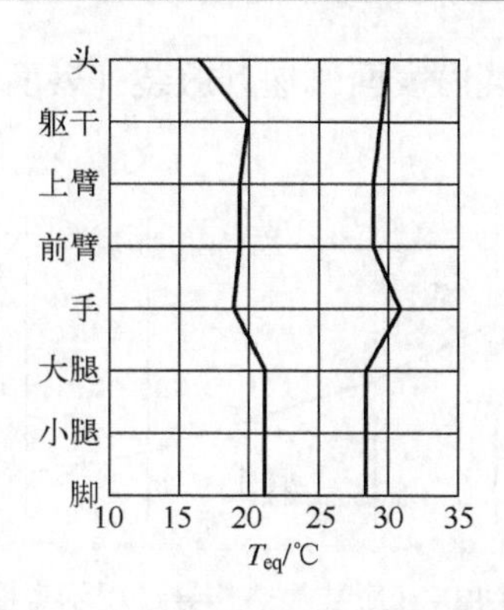

图 12.4　在夏季时人体的热舒适范围

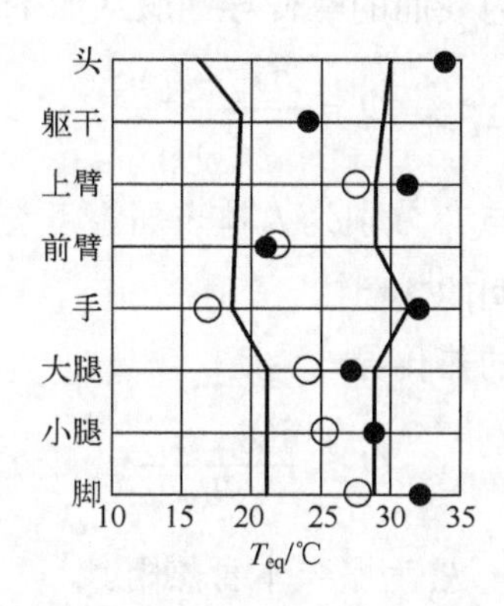

图 12.5　算例中计算出的驾驶员皮肤温度的分布（图中圆圈为驾驶员右侧值，图中黑点为驾驶员在左侧值）

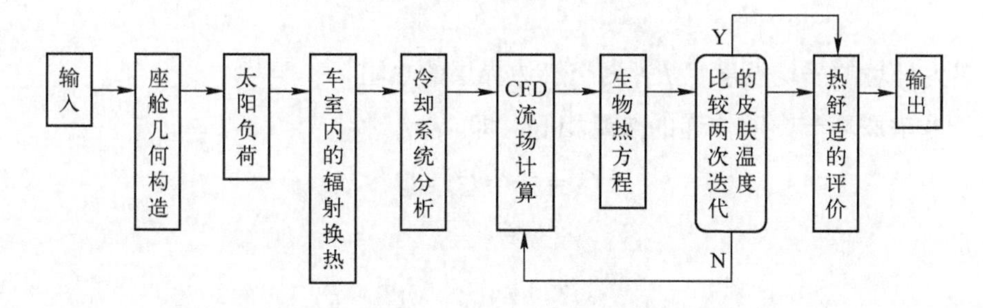

图 12.6　车室内人体热舒适性计算的总框图

12.3　光纤光栅温度场的建模与数值求解

热传导、热对流和热辐射是通常《传热学》中研究的三种热量传递方式。图 12.7 给出了在忽略人体湿热传递效应时，服装系统中热传递过程的示意图。人体作为热量源，所产生的热量以热辐射与对流方式通过皮肤与衣服间空气薄层进入服装材料的表面，之后以热传导方式将该热量从服装内表面传递到服装外表面，最后由服装外表面传递到外界环境[83-84]。

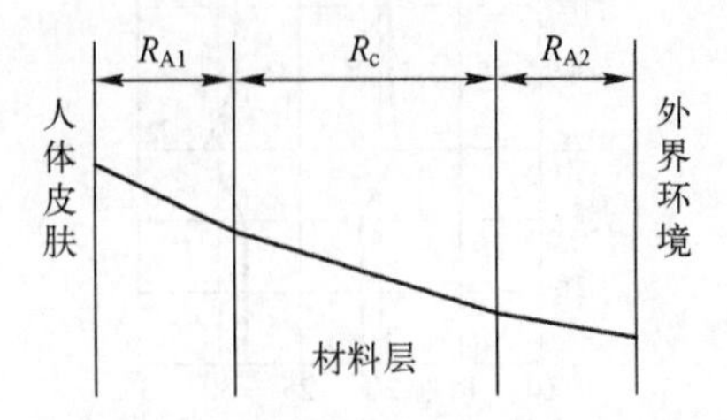

图 12.7　服装显热传导过程示意图

（1）人体皮肤表面与服装内表面的热传导，服从如下关系[85]：

$$Q_1 = \frac{\tilde{s}(T_s - T_0)}{R_{A1}} \tag{12.1}$$

式中：$\tilde{s}$ 为皮肤表面面积；T_s 与 T_0 分别为人体表面温度与服装内表面温度；R_{A1} 为人体皮肤与服装内表面间空气层之间的热阻。

（2）服装内表面到外表面的热传导，为

$$Q_2 = \frac{\tilde{s}(T_0 - T_1)}{R_c} \tag{12.2}$$

式中：T_1 为服装外表面的温度；R_c 为服装本身热阻。

（3）服装外表面与外界环境的热传导，为

$$Q_3 = \frac{\tilde{s}(T_1 - T)}{R_{A2}} \tag{12.3}$$

式中：T 为环境的平均温度；R_{A2} 为空气边界层的热阻。

由于各串联环节中所传递的热量相等，即

$$Q_1 = Q_2 = Q_3 = Q \tag{12.4}$$

于是

$$Q = \frac{\tilde{s}(T_s - T)}{R_{A1} + R_c + R_{A2}} = \frac{\tilde{s}(T_s - T)}{R} \tag{12.5}$$

式中：R 为服装系统的总热阻，即

$$R = R_{A1} + R_c + R_{A2} \tag{12.6}$$

式（12.5）表明，人体所散发的热量取决于身体与外界环境之间的温差以及服装系统的总热阻。

对于可穿戴 FBG 传感器，由于它是织入服装的，图 12.8 给出了人体、介质和空气之间热传递的物理模型，其中介质层包括微小气候空气层、光纤光栅层和服装层。

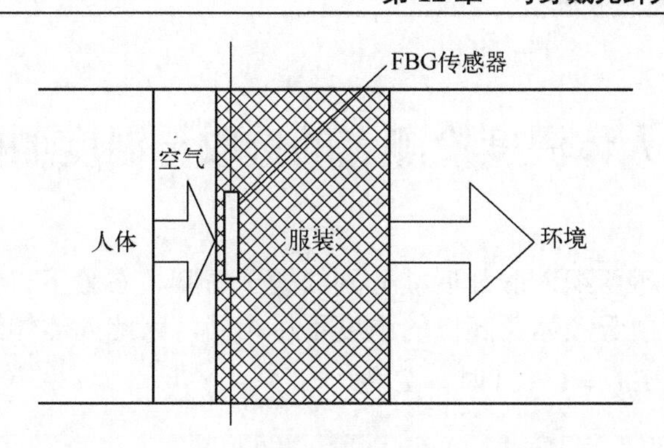

图 12.8　人体、介质和空气之间的热传递模型

今将服装设计成紧身内衣类型，这样衣下的空气层所处空间非常狭小，因此略去对流运动，单纯考虑导热现象。在微小气候区域中，取圆柱状微元体如图 12.9 所示，对于该微元体，在任一时间段 dt 内，应有热平衡方程：

$$q_{流入} = q_{流出} + q_{增} \tag{12.7}$$

或

$$\rho c \frac{\partial T}{\partial t} = \nabla \cdot (\lambda \nabla T) + q_{\mathrm{m}} \tag{12.8}$$

式中：c，λ 和 ρ 分别为比热容，当量导热系数和密度；q_{m} 为单位体积内的组织代谢热量。

该热量在以下分析中略去不计，于是式（12.8）变为

$$\rho c \frac{\partial T}{\partial t} = \nabla \cdot (\lambda \nabla T) \tag{12.9}$$

在圆柱坐标系中，式（12.9）可写为

$$c(r,t)\rho(r,t) r \frac{\partial T}{\partial t} = \frac{\partial}{\partial t}\left[\lambda(r,t)\right] r \frac{\partial T}{\partial t} + \lambda(r,t) \frac{\partial T}{\partial t} + \lambda(r,t) r \frac{\partial^2 T}{\partial t^2} \tag{12.10}$$

式（12.9）或者式（12.10）可用数值计算方法[86]求解，也可使用商用软件。对于人体穿着服装后的温度场，可以假定为沿径向一维发热圆柱体，其轴截面如图 12.9 所示。

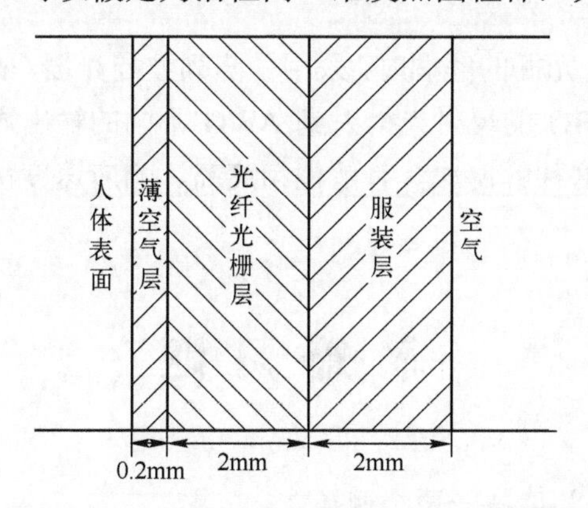

图 12.9　智能服装中光纤光栅温度场的计算模型

12.4 人体温度检测点的选取与温度加权平均

光纤光栅温度传感器织入服装后被分别放置于右胸、右腋下、左腋下、后背和左胸共五个点进行测量。由于人体各部位的温度不尽相同，因此人体体温值 T_s 常用多点加权得到，例如上述五点 $T_{si}(i=1\sim5)$ 时，T_s 为

$$T_s=\sum_{i=1}^{5}C_iT_{si} \tag{12.11}$$

式中：$C_i(i=1\sim5)$ 为加权系数，例如取右胸处 C_1、右腋下 C_2、左腋下 C_3、后背 C_4 和左胸 C_5 处分别取 0.0826，0.3706，0.3706，0.0936 和 0.0826。

12.5 系统光路、电路及解调系统的信号软件

光纤光栅传感器将人体温度的变化转化为 Bragg 波长的变化，从而实现对波长的调制。若对温度进行检测，需要获取波长信息，即对波长进行调制。服装用光纤光栅解调系统的光路有宽带光源、可调谐 F-P 滤波器、2×2 光耦合器、光纤 Bragg 光栅传感器和光电探测器构成；光纤光栅解调系统电路主要由主控制器电路、协控制器电路、信号调理电路、F-P 滤波器控制电压放大电路、SRAM（static random-acess memory，静态随机存取存取器）扩展电路、LCD 显示电路、复位电路和电源电路组成。对于系统的光路与系统电路功能的介绍已超出本书范围，这里不予赘述。这里仅对解调系统信号的处理软件略作概述：该软件主要是用于完成 F-P 滤波器扫描电压输出，同时对信号调理电路输出数据进行采样和存储。根据 P-F 滤波器算法完成各传感光栅的反射波长检测，并利用各种传感光栅的标定数据计算出人体各部位的温度，最后对人体各部位温度进行加权平均处理。

另外，在光纤 Bragg 光栅的解调时，采用了陈列波导光栅（arrayed waveguide grating, AWG）解调法，即将 FBG 的反射光衍射到 AWG 不同的输出通道中，实现了多路传感信号的同时解调，因此这种解调法具有解调精度高、响应速度快，有利于人体温度的实时检测。

本 篇 习 题

1. 什么叫低维材料？请举一两个例子。
2. 谈一谈你对光纤 Bragg 光栅的理解。

3. 由 Maxwell 方程组推出 Holmholtz 方程时作了些什么假设?

4. 谈一谈你对 Bragg 条件的理解?

5. 非均匀环境下，人的热舒适评价为什么是国际上一直关注的前沿课题？Fanger 教授 1970 年给出的热环境的热舒适评价指标为什么不适用于非均匀环境呢?

6. 智能服装中光纤光栅温度场实时测量技术的难点有哪些?

第五篇　光子与纳米技术在组织及医学中的应用

生物光子学（biophotonics）是由光学，特别是激光科学和生命科学交叉而形成的前沿领域。生物光子学已在细胞生物学、分子生物学、组织生物学、神经科学、基因工程、干细胞研究、癌症科学，以及大量病理科学、临床诊断、再生科学与康复医学领域获得应用。因此，人们也习惯把生物光子学称为生物医学光子学。21 世纪以来，飞秒激光技术为生物光子学的研究开创了新局面。人们可以在细胞内的任一个时空点进行精确的刺激，将复杂的细胞生命过程在空间和时间上清晰地解析出来，加以诱导与控制，从而使基因、癌症以及细胞生物学的研究摆脱了传统生物化学手段的限制，开创了革命性的技术手段与研究角度。本篇对组织工程、组织工程材料、激光诱导的组织焊接与再生技术，以及脑胶质瘤治疗与纳米载药策略分 3 章作了简明扼要的讨论。基于飞秒激光的生物光子学在疾病诊断、治疗和康复工作中已经显示出重大的应用并取得了可喜的成果。

第 13 章　光与组织体作用模型及组织材料的应用

组织工程（tissue engineering）是近些年来正在兴起的新兴学科，组织工程的核心是建立细胞与生物材料的三维空间复合体，即具有生命力的活体组织，用以对病损组织进行形态、结构和功能的重建并达到永久性替代。在细胞和生物材料的复合体植入机体病损部位后，生物支架被降解吸收，但种植的细胞继续增殖繁殖，形成新的具有原来特殊功能和形态的相应组织和器官。

组织工程是继细胞生物学和分子生物学之后，生命科学发展史上的又一个新的里程碑，它标志着医学将走出器官移植的范畴，步入制造组织和器官的新高科技时代，它为人类的健康和生命的延长带来了福音。

13.1　光传输模型间的层次关系

在组织体中光的传输过程建模的目的在于定量计算出组织体内光子分布的特性，为组织光谱或成像技术的光学分析奠定理论分析基础。光在组织体中的传播可近似等价为光在随机媒质中的多次散射效应，在历史上处理此类问题有两种不同的方法：解析理论（analytic theory）和输运理论（transport theory）。对于解析理论，它是从基本的 Maxwell 波动方程出发，引入粒子的电磁吸收和散射特性，并获得相关统计量的微分-积分方程，这些统计量如方差和相关函数等[30]。由于该理论原则上考虑了光波的多次散射、衍射和干涉效应，因此上在数学上是严格的，但在实际应用中该理论是不可能得到包括这些效应的通用解，于是便产生了有用的各种模型（例如 Twersky 理论、图解法以及 Dyson 和 Bethe-Salpater 方程等），这些模型都是近似的，只适用一定的参数范围。

输运理论不是从波动方程出发，而是直接讨论能量通过包含粒子在介质时的输运问题。该理论的研究方法比较直接，但缺乏解析理论所具有的数学上的严谨性。尽管输运理论在描述单粒子吸收和散射特效时考虑了光的衍射和干涉效应，但就输运理论本身而言，它并不包括波动效应。而且还在输运理论中假定辐射场之间不存在相干性，因此只涉及功率叠加而非场叠加。输运理论又被称为辐射传输理论，它是 Schuster 于 1903 年提出的。该理论等价于分子动力学和中子传输理论中所采用的 Boltzmann 辐射传输方程（radiative transfer equation，RTE），它能够灵活地处理许多随机媒质中的物理现象，除这里用于研究组织体中的光传输之外，还广泛用于大气遥感、大气光学、海洋光学和天体物理中许多自然现象的研究与分析。

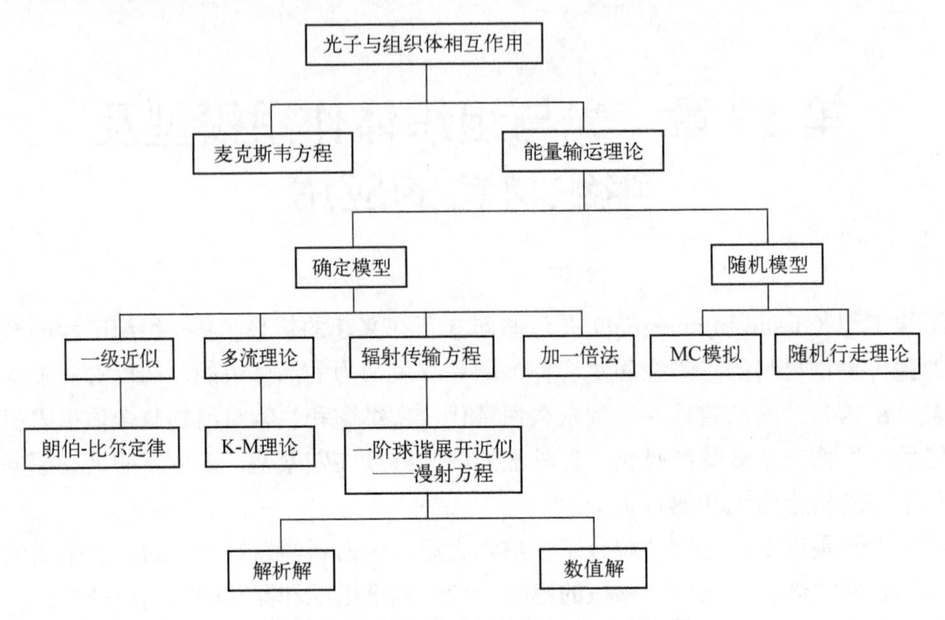

图 13.1 几个光传输模型间的层次关系图

因为解析解在许多实际场景下是不存在的，于是许多折中方案和各种近似简化办法便应运而生。例如蒙特卡罗（Monte-Carlo，MC）方法、随机行走理论、漫射方程、Kubelka-Munk 理论（K-M）模型、加一倍（adding-doubling，AD）方法、以及近些年发展的 RTE 离散坐标法、高阶近似方法以及间断 Galerkin 有限元空间离散方法[30]等。

13.2 光在组织体中传播的数学模型

13.2.1 离散粒子统计模型

离散粒子统计模型及 MC 方法，该方法的主要框架层曾由 Fermi、von Neumann 和 Ulam 用于解决中子输运问题而建立起来，是典型的随机统计方法。1966 年 Kurosawa 首次将该方法用到半导体的输运问题，1983 年 Wilson 等将 MC 方法应用到组织光学领域，探讨光子在组织体中的传输规律。对于 MC 模型已经发展了许多实现的具体办法，其中最主要的有两种：一种为模拟 MC（analogue Monte-Carlo，AMC）方法，另一种为方差减少 MC（variance reduction Monte-Carlo，VRMC）方法。VRMC 和 AMC 的主要区别在于对光子的处理，在 AMC 中光子的行为与真实物理过程一致，即光子依据概率或者被完全吸收，或者被散射。而在 VRMC 中光子被处理成具有一定初始权值 W_0 的光子包，设 W_k 为第 k 次光子与组织体交互作用前的权重，令

$$a = \frac{\mu_s}{\mu_a + \mu_s} \tag{13.1}$$

式中：μ_s 和 μ_a 分别代表散射系数和吸收系数。

于是，交互作用后的权值 W_{k+1} 为

$$W_{k+1} = aW_k \tag{13.2}$$

大量的计算实践表明，VRMC 的计算效率比 AMC 高得多。图 13.2 给出了 VRMC 方法的流程框图。

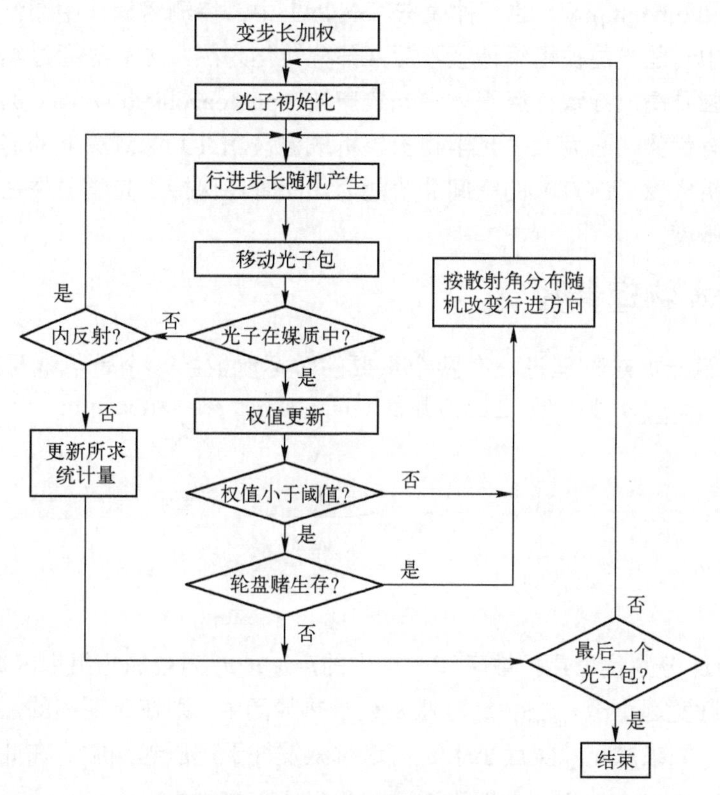

图 13.2　VRMC 方法的流程框图

13.2.2　连续粒子模型

连续粒子模型，又称为 RTE 模型。令 $I_\upsilon(\boldsymbol{r},\boldsymbol{\Omega},t)$ 和 $I(\boldsymbol{r},\boldsymbol{\Omega},t)$ 分别代表谱辐射率（spectral radiance，又称作单色辐射强度）和辐射率（radiance），由能量守恒定律，得[30-31]

$$\begin{aligned}\frac{1}{c}\frac{\mathrm{d}}{\mathrm{d}t}I_\upsilon(\boldsymbol{r},\boldsymbol{\Omega},t) &= \frac{1}{c}\frac{\partial}{\partial t}I_\upsilon(\boldsymbol{r},\boldsymbol{\Omega},t) + \frac{\partial}{\partial S}I_\upsilon(\boldsymbol{r},\boldsymbol{\Omega},t)\\ &= -(\mu_a+\mu_s)I_\upsilon(\boldsymbol{r},\boldsymbol{\Omega},t) + \mu_s\int_{4\pi}\Phi(\boldsymbol{\Omega}',\boldsymbol{\Omega})I_\upsilon(\boldsymbol{r},\boldsymbol{\Omega}',t)\mathrm{d}\boldsymbol{\Omega}' + Q(\boldsymbol{r},\boldsymbol{\Omega},t)\end{aligned} \tag{13.3}$$

式中：$\Phi(\boldsymbol{\Omega}',\boldsymbol{\Omega})$ 为散射相函数；$Q(\boldsymbol{r},\boldsymbol{\Omega})$ 为源项；$\boldsymbol{\Omega}$ 为光子的飞行方向，它是个单位方向矢量；c 为光速；S 为光线轨迹的弧长。

式（13.3）又可整理为

$$\left(\frac{1}{c}\frac{\partial}{\partial t} + \boldsymbol{\Omega}\cdot\nabla + \mu_a + \mu_s\right)I_\upsilon(\boldsymbol{r},\boldsymbol{\Omega},t) = \mu_s\int_{4\pi}\Phi(\boldsymbol{\Omega}',\boldsymbol{\Omega})I_\upsilon(\boldsymbol{r},\boldsymbol{\Omega}',t)\mathrm{d}\boldsymbol{\Omega}' + Q(\boldsymbol{r},\boldsymbol{\Omega},t) \tag{13.4}$$

13.3 光声层析成像问题的基本原理

光声层析成像（photoacoustic tomography，PAT）是基于光声物理效应在厚组织体中进行层析成像（tomography）的一种模态。在 PAT 中，待测组织体中通常采用短脉冲激光束照射，其中一些光能被组织体吸收后，部分转化为热，之后热通过热弹性效应引起组织体内部压强升高，导致在组织体中光致声波（photoacoustic wave）的传播。从原理上讲，PAT 具有优势，它克服了光学相干层析成像（OCT）深测深度的局限性，又提高了扩散光学层析成像（DOT）的空间分辨能力，同时还保持了光学成像在组织功能信息检测上的高灵敏度。

13.3.1 基本物理参数

组织体的激光加热物理过程有两个重要的时标参数：一个是热弛豫时间（thermal relaxation time）τ_{therm}，另一个是压力弛豫时间（stress relaxation time）τ_{s}，它们的定义式分别为

$$\tau_{\text{therm}} = \frac{d_{\text{c}}}{\alpha_{\text{therm}}} \tag{13.5}$$

$$\tau_{\text{s}} = \frac{d_{\text{c}}}{\upsilon_{\text{s}}} \tag{13.6}$$

式中：α_{therm} 和 υ_{s} 分别代表热扩散率和组织中的声速；d_{c} 为被加热组织区域的特征尺度。

如果激光脉宽远小于 τ_{therm}，这时激发处于热封闭中，则在此期间的热传导效应可以忽略。类似地，如果激光脉宽远小于 τ_{s}，这时激发处于声压封闭中，在此期间压强传播效应可以忽略。令 V 为体积，在激光激励下相对体积膨胀为

$$\frac{\Delta V}{V} = -\tilde{k}p + \beta T \tag{13.7}$$

式中：$\tilde{k}$ 为同热压缩率（对软组织 $\tilde{k} \approx 5\times10^{-10}\text{Pa}^{-1}$）；$\beta$ 为热体积膨胀系数 $(\beta \approx 4\times10^{-4}\text{K}^{-1})$；$p$ 和 T 分别为组织体内压强（单位为 Pa）和温度（单位为 K）。

同热压缩率 $\tilde{k}$ 为

$$\tilde{k} = \frac{C_{\text{p}}}{\rho \upsilon_{\text{s}} C_{\text{V}}} \tag{13.8}$$

式中：C_{p} 和 C_{V} 分别为定压和定体积下的比热；ρ 为质量密度（对软组织，$\rho = 1000\text{kg/m}^3$）。

当激光激励同时处于热封闭和声压封闭中时，相对体积膨胀可以忽略，激光作用后的局部压强升高为 p_{o}，它可表示为

$$p_{\text{o}} = \frac{\beta}{\tilde{k}} T = c\mu_{\text{a}} \varPhi \varGamma \eta_{\text{therm}} \tag{13.9}$$

式中：μ_a 和 η_{therm} 分别为光吸收系数和光热转换率；c 和 Φ 分别为光速和光子密度；Γ 为 Grueneisen 参数。

13.3.2　光声波动方程

对于生物组织体内的光声产生与传播，其光声波动方程为

$$\nabla^2 p(\boldsymbol{r},t)-\frac{1}{\upsilon_s^2}\frac{\partial^2}{\partial t^2}p(\boldsymbol{r},t)=-\frac{\beta}{\tilde{k}\upsilon_s^2}\frac{\partial^2}{\partial t^2}T(\boldsymbol{r},t) \tag{13.10}$$

式中：$p(\boldsymbol{r},t)$ 和 $T(\boldsymbol{r},t)$ 分别表示位置 $\boldsymbol{r}$ 处、时刻 t 的声压强和温度升高。

在式（13.10）中，左边描述声波传播，右边代表激励源项。

若定义加热函数 $H(\boldsymbol{r},t)$ 为单位体积、单位时间转换的热能，于是有

$$H(\boldsymbol{r},t)=c\mu_a(\boldsymbol{r},t)\Phi(\boldsymbol{r},t)\eta_{therm} \tag{13.11}$$

在热封闭下，热方程可写为

$$\rho C_V\frac{\partial}{\partial t}T(\boldsymbol{r},t)=H(\boldsymbol{r},t) \tag{13.12}$$

由式（13.12）和式（13.10），得

$$\nabla^2 p(\boldsymbol{r},t)-\frac{1}{\upsilon_s^2}\frac{\partial^2}{\partial t^2}p(\boldsymbol{r},t)=-\frac{\beta}{C_p}\frac{\partial}{\partial t}H(\boldsymbol{r},t) \tag{13.13}$$

式（13.13）表明，只有时变的加热过程能够产生声压波。

13.3.3　光声波方程的格林函数解法

式（13.10）可用格林函数法求解。关于式（13.10）的格林函数定义为

$$\nabla^2 G(\boldsymbol{r},t;\boldsymbol{r}',t')-\frac{1}{\upsilon_s^2}\frac{\partial^2}{\partial t^2}G(\boldsymbol{r},t;\boldsymbol{r}',t')=-\delta(\boldsymbol{r}-\boldsymbol{r}')\delta(t-t') \tag{13.14}$$

若加热函数 $H(\boldsymbol{r},t)$ 可分解为

$$H(\boldsymbol{r},t)=H_s(\boldsymbol{r})H_t(t) \tag{13.15}$$

则声压表达式最后可化简为

$$p(\boldsymbol{r},t)=\frac{\beta}{4\pi C_p}\int\frac{H_s(\boldsymbol{r}')}{|\boldsymbol{r}-\boldsymbol{r}'|}\frac{\partial}{\partial t}H_t(t-|\boldsymbol{r}-\boldsymbol{r}'|/\upsilon_s)\mathrm{d}\boldsymbol{r}' \tag{13.16}$$

关于光声波动方程解的更细致描述，这里不予赘述，感兴趣者可去参阅文献[87]等。

13.4　组织工程材料的分类及器官的构建方式

13.4.1　细胞外基质及其具有的特点

所谓细胞外基质（extra celluar metrix，ECM），它包括均质状态的基质（蛋白多糖

和糖蛋白）和细丝状的胶原纤维。ECM 是细胞附着的基本框架和代谢场所，其形态和功能直接影响所构成的组织形态与功能。

ECM 主要具有五大特点：①生物相容性好；②具有可吸收性；③具有可塑性；④其表面化学特性和表面微结构利于细胞的粘附与生长；⑤具有较好的降解速率。

13.4.2 组织工程所用材料的分类

（1）天然 ECM。例如用胶原制作人工皮和血管；再如用脱细胞技术制造天然的 ECM 等。

（2）人工 ECM。例如聚乳酸（PLA）和聚羟基乙酸（PGA）的共聚物（PGA-PLA）等。

（3）天然高分子与合成高分子的复合物。例如胶原-PCA 的复合物等。

（4）有机材料与无机材料的复合物。例如羟基磷灰石-甲壳素的复合物等。

13.4.3 组织和器官的构建

主要讨论两种：骨组织构建和血管构建。

（1）骨组织构建的方式：①支架材料与成骨细胞；②支架材料与生长因子；③支架材料与成骨细胞加上生长因子。

（2）血管构建的方式：①用正常动脉细胞与 ECM 重建血管；②用正常血管壁细胞与 ECM 再加上可降解材料构建血管。

13.5 常用的组织工程支架材料

这里所谓七类组织工程支架材料是指：①骨，②神经，③血管，④肌腱，⑤皮肤，⑥眼角膜，⑦肝、胰、肾、泌尿系统。因篇幅所限，这里仅介绍其中的第②种、第③种和第⑦种。

13.5.1 神经组织工程支架材料

人工神经是一种特定的三维结构支架的神经导管，可接纳再生轴突长入，对轴突起机械引导作用。以往用于桥接缺损的神经套管材料有硅胶管、聚四氟乙烯、聚交酯等。目前用于人工神经导管研究的可降解吸收材料有聚乙醇酸（PGA）、聚乳酸（PLA）以及它们的共聚物等。也有用聚丙烯腈（PAN）和聚氯乙烯（PVC）的共聚物制作神经导管。

13.5.2 血管组织工程支架材料

血管支架材料类似于神经支架材料，其结构上也分为双层，但内层不同于神经支架材料的是它多为血液相容性好的生物活性材料，这类材料一般为经过表面修饰的降解材料、液晶材料、类肝素材料等。而外层则具有一定的机械强度的慢降解材料。

13.5.3　肝、胰、肾、泌尿系统组织工程支架材料

用于这类组织工程支架材料多为可降解材料，主要以天然蛋白、多糖与合成高聚物杂化的可降解材料，例如用于肝组织工程支架的血纤维和聚乳酸，用于泌尿系统的聚乙醇酸等。

13.6　组织工程支架材料的类型与发展趋势

作为组织工程所选用的材料，可分为三大类：①天然生物大分子，例如蛋白类、蛋白多糖类、多糖类、蛋白与多糖的杂化类等；②人工合成仿天然生物大分子，例合成氨基酸、合成多糖等；③天然和人工合成材料杂化，例如胶原与聚乳酸的杂化，胶原与羟基磷灰石的杂化，胶原、壳聚糖与其他聚合物的杂化等。

发展趋势如下。

（1）生物活性材料。它是组织工程材料发展的主方向，合成或制备有生物活性的生物材料十分重要。

（2）生物降解材料。为了使人类在接受了外部植入的材料之后没有任何不良后果，因此要制备各种可降解的生物材料。

（3）仿生材料。仿生材料不单是模仿天然生物材料，同时也改进天然生物材料的不足，例如牙科材料常用磷聚合物，神经材料常采用合成多肽与有机材料复合等。

第 14 章　激光焊接技术与生物材料的应用

14.1　激光诱导的组织焊接与再生技术

14.1.1　激光焊接组织的基本原理

用于组织焊接的激光器早期时多以低功率的激光器为主，激光被组织吸收后，能量累积导致组织温度升高，组织的损伤与温度成正比。当温度积累到45～60℃时，细胞内的酶活性会受损；当温度积累到60～70℃时，蛋白质变形，组织失去活性；当温度积累到 70～100℃时，组织内水分汽化，组织发生皱缩。在此基础上，学术界主流的理论认为，当激光照射到组织体（例如血管、淋巴管、皮肤、胃黏膜等）时，纤维蛋白聚合并且凝固，组织发生变性且收缩，焊接处两端组织的胶原纤维上的三联螺旋分子将解脱并随机形成新的胶原连接，进而实现组织焊接的效果。

随着激光技术的发展，近红外波段的皮秒激光、飞秒激光由于瞬时功率高等特性，也被用于组织体的焊接，由于瞬时功率高、照射时间短，可大幅度地降低手术的风险，手术后恢复更快，但由于飞秒激光器其成本更高，因此治疗价格也就相对高些。临床研究表明，在表皮的恢复上，激光焊接组的恢复时间与线缝合组没有明显的差异。在真皮组织的恢复上，激光焊接组的恢复时间要明显地优于线缝合组。

14.1.2　激光焊接血管

1979 年，Jain 等首次利用 Nd:YAG 激光器对大鼠的动脉（直径为 1.1mm）进行了激光焊接手术，激光功率控制在 6～9mW，光斑直径为 0.5mm，术后血管通畅率达到 92%；1983 年，Frazier 对狗的颈动脉进行激光焊接，术后血管通畅率达 100%，并且没出现血管吻合断裂的情况；1989 年间，我国科学家利用 CO_2 激光器对大鼠颈动脉完成成功焊接，之后又开展了对皮肤、气管、胃壁、淋巴管、输精管等部件的激光焊接实验。相比于普通的线缝合方法，利用激光焊接的血管炎症反应更轻，焊接处的愈合更快，焊接后血管的通畅率更高，术后疼痛感较轻，而且激光焊接的血管吻合口可随着血管的生长而生长，这对儿童的血管手术具有非常重要的意义。

14.1.3　激光焊接皮肤

1986 年，Patrick Abergel 实验组对鼠开展了一系列鼠背部皮肤激光的焊接实验：皮肤切口长为 6mm，采用 Nd:YAG 激光器。每隔一段时间切除标本，进行组织病理学分析与研究，进行透射电子显微镜成像、抗张强度以及炎症相关的信使核糖酸类型的测定。实验数据对比表明，在炎症相关的信使核糖酸含量上，激光焊接的含量较低，这表明焊接后的皮肤感染情况更低些。

为了进一步研究激光焊接皮肤的效果，在术后的第 4 天、第 7 天、第 14 天和第 21 天分别记录了伤口的恢复情况并用肌肉组织切片的 HE 染色来研究恢复情况。与线缝相对比，焊接与线缝两种方式在伤口愈合的第 14 天，两组间的宏观对比几乎没有差别，而且大鼠的健康状况也没有发现异常。更值得注意的是，线缝口组伤口处的真皮组织在 4 天后仍然没有愈合，而激光焊接组伤口处的真皮组织在 4 天之前就已经愈合，这表明激光对深层组织的恢复更有效。

虽然激光焊接用于动物已近 40 年，临床表明，激光焊接可减少线缝合和针外伤感染，可减少异物反应，出血少、手术时间短，但在临床时依然存在许多严峻问题，特别是激光功率、照射时间等缺乏一致的标准。

14.1.4 激光焊接神经

在激光焊接神经方面，Almquis 等人发现 Ar^+ 激光器产生的兰绿光会被红细胞大量吸收而被白色的神经组织大量反射的现象。随后，他们利用功率为 0.76W 的 Ar^+ 激光器对大鼠坐骨神经和猿正中神经进行焊接，在离断的神经处滴入几滴同源的血液，在激光照射下血液凝固并形成类似于微管的连接。在术后的 3～6 个月，对焊部进行检查，发现激光焊接组神经的恢复速度、炎症反应、神经瘤的形成率都优于线缝合组。结果表明：在已连接的神经中，穿过吻合口区可被记录的动作电位缝合线是 78%，而激光焊接组为 85%；另外，形态测定分析表明，激光对轴突逆行溃变和再生潜力无有害影响。

14.1.5 激光焊接其他组织（如输卵管等）

1978 年，Klink 等人对家兔的输卵管进行了激光焊接，发现吻合口通畅率为 70%，组织学检查可见浆膜层凝固坏死，肌层和粘膜层完整。1985 年，Rosemberg 等人用激光进行犬的输精管焊接，术后 1～4 周，组织学检查见平滑肌和胶原融合，管腔通畅，无精子肉芽肿形成。1988 年，Sauer 等人用采用激光成功地对动物肠管进行焊接，术后证实吻合口破裂压与缝合法无显著相关性。组织学检查表明，激光焊接的吻合口炎症反应轻、愈合快。

14.1.6 激光焊接存在的问题与展望

尽管激光焊接组织在许多方面已取得较大的进展，但认真细究一下仍存在如下问题。

（1）对于激光焊接组织的确切机制至今仍没完全弄清。一般认为，激光对生物组织的作用机制主要表现在热效应、压力效应、光效应和电磁效应这 4 个方面。由于用于组织焊接的激光多为低功率激光，因此对组织作用主要表现为热效应和光效应。另外，也有学者认为，在激光照射组织时，产生的热引起焊接处组织的变性、收缩，纤维蛋白质聚合和凝固，从而使组织的两个断端连接起来。当温度升高到70～95℃时，胶原的三联螺旋分子将解脱，而任意交错形成新的胶原。当出现这个过程时，富含胶原的血管、神经、皮肤等组织就紧密对合，形成新的连接。总之，对于激光焊接组织的机理仍有待于进一步的探讨。

（2）切口不易对合整齐，有碍激光焊接的顺利进行。目前，在进行激光焊接时，必须借助于缝线的支持，使断缘对合整齐。另外，激光焊接组织的初期抗张力强度较低。因此，还不能完全摆脱用以维持吻合口初期抗张强度的支持缝线。

（3）急需研制小巧精致、激光输出功率稳定、光斑大小合适、有计算机指示窗的专门组织焊接的激光仪。

激光焊接组织技术是一种与传统线缝合法明显不同的新技术，随着当今世界光电技术的飞速发展，高智能激光焊接仪器会尽早问世，取代传统线缝合法的激光焊接组织的新技术一定会成为临床提供一种较完美的组织修复方法，为患者带来福音。

14.2 生物医学材料的定义与分类

14.2.1 生物医学材料的定义

生物医学材料是指具有特殊性能、特殊功能，用于人工器官、外科修复、理疗康复、诊断、治疗病患等医疗、保健的领域，并且对人体组织以及血液不致产生不良影响的材料[88]。

14.2.2 生物医学材料的分类

表 14.1 给出了此类材料的分类总表。

表 14.1 生物医学材料的分类总表

按医用材料来源	见表 14.2
按医用材料的性质	见表 14.3
按医用材料在人体中应用部位	见表 14.4
按医用材料使用要求	见表 14.5

表 14.2 按医用材料来源分类

天然生物材料	见表 14.6
合成材料	例如硅橡胶、四氟乙烯、多聚糖等

表 14.3 按医用材料的性质分类

高分子材料	
金属材料	用于人工骨、人工关节（例如钛合金）
无机非金属材料	例如羟基磷灰石、陶瓷
天然生物材料	例如蛋白、多糖

表 14.4　按医用材料在人体中应用部位分类

硬组织材料	用于骨科、齿科的不易变形材料
软组织材料	例人工器官材料
心血管材料	例人工血管、心血管导管等
血液代用材料	例人工红血球、代用血浆等
分离、透析材料	包括血液净化、血浆分离用模材料

表 14.5　按医用材料使用要求分类

非植入性材料	例如一次性注射器
植入性材料	例如人工器官所用材料
血液接触性材料	例如人工血管
降解和吸收材料	例如手术缝线、人工皮肤
其他医用器械	

表 14.6　天然生物材料分类

人体自身组织	例自身的皮肤、血管
同种器官与组织	例人类的角膜
异种同类器官与组织	例用猪的心脏或肾脏代替人的相应器官
天然材料改造与提取	例动物皮中的骨胶原、甲壳糖、肝素

14.3　部分人工器官以及所用材料

生物医学材料最重要的应用之一是人工器官。当人体的器官因病不能行使功能时，现代医学提供了两种可能恢复功能的途径：一种是进行同种异体的器官移植（由于种种原因，再加上存在着移植器官的保存、免疫、排斥反应等问题，因此这种方法对普通患者不易实现）；另一种是用人工器官置换或替代病损器官，达到补偿其全部功能或部分功能，目前这是一种切实可行并且需要大力研究与迅速发展的方法。下面讨论主要以人工器官以及相关所用材料为主，简明扼要地以表格形式列出（见表 14.7）。

表 14.7　部分人工器官以及所用材料

名称	关键部件及问题	关键部件所用材料
人工心脏	血泵寿命	聚氨酯等
人工心脏瓣膜	生物瓣材料的组织退化	人工心脏瓣膜主要有两类：机械瓣和生物瓣
人工肺	膜式人工肺应该发展	膜式人工肺的薄膜所用材料种类很多
人工膀胱	膀胱支架的取出或降解	硅橡胶和天然橡胶等
人工皮肤	本着仿生的原则发展	发展活性人工皮肤以及本着仿生原则使其更接近天然
人工肾	透析膜、透析器的性能	透析膜材料主要有纤维素和聚合物两大类
人工骨	发展活性人工骨	羟基磷灰石结晶以及纤维性蛋白骨胶原等

14.4 生物医学材料发展的趋势

生物医学材料发展的总趋势为应努力使材料具有生物活性，努力使其具有天然组织的功能；要能够引导和诱导组织、器官的修复和再生；而且在完成上述任务后还要求材料能够自动降解排出体外。以下从3个方面概述一下生物医学材料发展的趋势。

14.4.1 生物医学材料向智能材料方向发展

要使人工器官根据所在环境各因素的变化自动进行调节；另外，药物释放体系要能够根据环境的变化自动调节释药浓度、释药速度和靶向给药。

14.4.2 生物材料评价体系更加完善

随着组织工程学的出现与发展，如何控制和促进细胞生长、分化、增殖和凋亡将成为材料相容性研究的新内容。建立智能材料在体内信息传递及功能调控评价的试验方法以及药物控释材料生物相容性评价试验方法十分重要，应该大力发展。

14.4.3 大力发展纳米技术在生物材料中的应用

生物医学材料发展的方向是人工合成活性材料，即组织工程材料。在组织工程材料的合成与制备中，纳米技术起着关键作用，以下分3个方面略作概述。

（1）使用纳米技术制备骨组织工程材料。

天然骨是层状纳米羟基磷灰石与胶原蛋白的杂化材料，人工骨材料的制备原料是片状的纳米级羟基磷灰石和胶原，而仿生人工骨的合成是把纳米级羟基磷灰石与胶原蛋白进行纳米材料的复合或组装。真正的组织工程材料活性人工骨是纳米羟基磷灰石与胶原蛋白和生长因子的纳米组装材料，而这方面的研究目前仍在进行中。

（2）使用纳米技术合成活性人工皮肤。

皮肤是人体最大的器官，虽然活性人工皮肤已有人研究出来，但真正具有人体皮肤全部生物功能的材料并没出现。纳米技术可以制备分子组装的材料，结合生长因子和胶原蛋白去制备分子的组装材料来逼近真实人体皮肤的功能，相信在不久的将来一定会造出理想的活性人工皮肤来。

（3）使用纳米技术合成仿生材料。

天然生物材料在分子水平上达到自组装，所以采用纳米技术可以仿天然生物材料的结构和特点去合成与制备纳米仿生材料，去完成人工肝、人工肾、人工胰等人工器官的制造。

在结束本章讨论和本节展望之时，很有必要回顾一下组织工程概念的提出者以及他大力提倡与致力发展的神经系统的再生和修复问题。20世纪80年代现代生物力学之父冯元桢（Yuan-cheng Fung）先生提出了组织工程（tissue engineering, TE）概念，并且提倡与开展了用于修复、增进或改善损伤后人体各种组织或器官生物替代物的研究工作。组织工程包括 3 个要素即生物材料支架（scaffolds）、支持细胞（supporting cells）和生长因子（growth factors）；涉及 4 个方面研究的内容：建立种子细胞库、制备生物材料支架、组织培养技术和体内（临床）应用技术。支持细胞又称种子细胞，神经干细胞（neural stem cells，NSC）作为种子细胞可以促进神经轴突再生。另外，周围神经再生与修复以及中枢神经再生与修复方面的研究也有极大的进展。通常，神经包括两大神经系统，即周围神经系统和中枢神经系统。所谓周围神经系统（peripheral nervous system, PNS）是由脑神经和脊神经组成，该系统从脑中枢神经和脊髓发出，进而分布至躯体或内脏的相应部位并支配其运动和感觉。周围神经再生与修复（peripheral nerve regeneration and repair）即在神经损伤后，采取合适的手段与措施保护受损神经，促进神经再生。所谓中枢神经系统（central nervous system, CNS）包括脑和脊髓，接收、处理全身的传入信息并发出指令，是支配机体全部行动的控制中心。中枢神经损伤（central nerve injury）会引起机体功能障碍，因此 CNS 的再生与修复问题就显得格外重要。目前，周围神经损伤的再生与修复工作在转基因治疗技术方面获得了长足的发展，尤其是将干细胞治疗和神经经营因子基因转移两项技术相结合的治疗获得了很好的治疗效果。随着组织工程技术、细胞移植、分子治疗以及组织工程修复等现代科技领域的飞速发展，必将给神经系统损伤患者的神经再生与修复带来福音。

第 15 章　脑胶质瘤治疗与纳米载药策略

提高药物的利用率与疗效，降低药物的副作用一直是医药领域一项十分重要的课题。用基因芯片、蛋白质芯片组装成的“纳米机器人”可通过血管送入人体去观察疾病。在美国已发明了携带纳米药物的芯片，将其放入人体，在外部加以导向，使药物集中送到病灶处，提高了药物疗效。

15.1　脑胶质瘤靶向纳米载药系统

15.1.1　BBB 的作用及导向性的纳米载药

原发性脑肿瘤是死亡率最高的 10 类肿瘤之一，其中脑胶质瘤的发生率大约是十万分之五～十万分之十左右。据国外医学杂志报道，在所有胶质细胞瘤中占半数的胶质母细胞瘤患者有 1 年生存率的只占 30%，有 5 年生存率的不足 5%。由于脑胶质瘤的病理学特征与外周肿瘤组织不同，除了具有一般肿瘤的基本特征之外，它还具有四大特点：①脑胶质瘤休眠期的癌细胞比较大，对于常规的放疗、化疗具有很强的抵御能力；②在脑内多呈蟹爪样浸润生长，与正常脑组织无明显边界；③绝少产生转移到颅外其他脏器；④具有“韭菜样”再生增殖的特点，采用单纯手术反而会刺激与加速了肿瘤的增殖速度和恶变程度。胶质瘤细胞在生长过程中，根据胶质瘤的发展阶段、恶性程度的不同影响血脑屏障（blood-brain barrier，BBB）的完整性。BBB 是血液系统与脑组织间存在的膜屏障系统——血脑屏障，其主要由极化的脑毛细血管内皮细胞（brain capillary endothelial cells，BCEC）通过复杂的细胞之间紧密连接而构成，它为脑组织营造了一个相对稳定的内环境，保障了中枢神经系统（central nervous system，CNS）的正常生理功能；但同时也限制了多数药物往脑内转运。因此在目前使用的药物中，98%的小分子化学药物和几乎 100%的大分子药物，其中包括蛋白多肽和基因药物都难以入脑，这就给脑部疾病的治疗造成很大困难。

2002 年 I. J. Fidler 利用荧光素研究了脑肿瘤的 BBB，发现在癌细胞生成较小的肿瘤组织时（体积 $<0.1mm^3$），肿瘤周围的 BBB 依然保持完整；而当肿瘤组织较大（面积 $<4.0mm^2$）时，BBB 则受到破坏。随着肿瘤生成过程中肿瘤细胞与星形细胞以及内皮细胞的相互作用，BBB 则受到破坏。与一般肿瘤类似，脑胶质瘤的生成也依赖于细胞表面过量表达的血管内皮生长因子（vascular endthelial growth factor，VEGF）。VEGF 浓度的增加会导致局部缺血区域的出现，而在这些缺血区域内，内皮细胞间的紧密连接被破

坏，吞饮作用增强，内皮细胞本身也受到损伤，从而导致 BBB 通透性增大。2010 年相关医学杂志还报导，类似的病变通常都在脑肿瘤生成较大时发生，BBB 的完整性因为内皮细胞损伤而受到破坏。

正是由于脑胶质瘤自身的浸润性生长以及 BBB 的存在，使得目前常用的治疗手段包括手术切除、放疗、化疗等均难以达到良好的治疗效果。BBB 限制了小分子、多肽/蛋白、基因药物，使他们难以自主透过 BBB 到达脑胶质瘤组织内发挥疗效。2005 年以来的研究表明：导向性纳米载药系统在重大疾病治疗方面具有现有载药系统无可比拟的独特性质与优势。

15.1.2　导向性纳米载药的优势

导向性纳米载药系统的主要优势表现在能够提高药物治疗与诊断效果，降低毒副作用。纳米载药系统包括载送小分子、蛋白/多肽、基因药物等，针对脑胶质瘤生长过程中 BBB 的生理特点和肿瘤新生血管的病理特征，目前设计与构建了两种脑胶质瘤纳米载药系统的策略：一种是被动靶向和主动靶向结合，在脑胶质瘤晚期，BBB 受到破坏，此时脑胶质瘤具备了与其他肿瘤类似的新生血管，利用电子顺磁共振（electron paramagnetic resonance，EPR）效应的被动靶向，进一步采用针对脑胶质瘤的靶向功能分子修饰的纳米载药系统，可提高药物在脑胶质瘤细胞内的分布浓度；另一种是主动靶向和主动靶向结合，在脑胶质瘤早期，BBB 保持完整，此时宜分别选用对 BBB 和胶质瘤细胞高亲和性的靶向功能分子以实现跨越 BBB、靶向胶质瘤。

纳米载药系统包括脂质体、高分子聚合物纳米粒、硅纳米粒、聚合物胶束、聚合物泡囊、碳纳米管都已经用于抗肿瘤药物载送的研究。

15.2　被动和主动结合的脑胶质瘤靶向策略

15.2.1　RGD 介导的胶质瘤靶向纳米载药系统

RGD 是存在于纤连蛋白和某些细胞外基质蛋白肽链中的精氨酸（R）-甘氨酸（G）-天冬氨酸（D）三肽序列，可以被一些整联蛋白所识别，并与之结合，是细胞黏附、扩散和迁移的识别部位。RGD 本身具有靶向效应，到达特定部位后还能通过表面受体介导细胞膜穿透效应载送药物，被广泛应用于肿瘤的分子显像。RGD 序列多肽是整合素（integrin）受体的配体，对 αvβ3 和 α5β1 整合素亲和性强。αv 型整合素在神经胶质瘤细胞和肿瘤新生血管上均高表达，而其他内皮细胞和大部分正常器官低表达，所以 RGD 肽修饰纳米载药系统能够提高药物在胶质瘤的浓度。采用环肽 cRGD 肽修饰的两嵌段聚乙二醇（polythylene glycol，PEG）化的聚乳酸（mPEG-PLA）包载抗肿瘤药物紫杉醇（PTX）制备聚合物胶束（cRGD-PEG-PLA-PTX），这里 PLA 为聚乙内酯。尾静脉给药 24h 内，荧光探针 DiR 标记的 c（RGDyK）-PEG-PLA 胶束在原位脑胶质瘤的浓度随时间而递增，且能被过量的 c（RGDyK）-PEG-PLA 竞争性抑制。

15.2.2 CTX 介导的胶质瘤靶向纳米载药系统

CTX 是由蝎毒液中分离出来的一段 36 个氨基酸残基组成的多肽。CTX 能与多种神经外胚层起源的肿瘤细胞结合，结合过程与胶质瘤细胞高量表达的基质金属蛋白酶-2（即 MMP-2）有关。目前，由 CTX 介导的放射治疗药物已进入Ⅱ期临床试验。另外，以 CTX 为靶向功能分子修饰树枝状高分子，构建了用于脑胶质瘤的诊断和治疗的纳米载药系统。

15.3 治疗脑瘤的双级靶向纳米载药系统

TGN 为经噬菌体展示技术筛选出的一条 12 个氨基酸的多肽，其能够特异性与 BBB 结合，具有良好的透 BBB 能力，可以作为第一级 BBB 靶向功能分子。aptamer 是一类可以特异性识别蛋白三级结构的 DNA 或 RNA 寡聚物，其具有稳定性、易得性和无免疫原性等特点，是一类优秀的靶向功能分子。AS1411 是一个富含 G 碱基的 DNA aptamer，它可以与 necleolin 蛋白特异性结合，而该蛋白在肿瘤细胞中高表达，因此可作为第二级脑肿瘤靶向功能分子。多西紫杉醇（DTX）作为模型药物，构建了跨越 BBB、靶向脑胶质瘤的双级靶向纳米粒 AsTNP，并对其治疗脑胶质瘤效果进行评价。

以 PEG-PCL 为高分子材料制备 TGN 单修饰的纳米粒（TNP）、AS1411 单修饰的纳米粒（AsNP）、TGN 和 AS1411 双修饰的纳米粒（AsTNP）。实验结果表明，TGN 能够识别内皮细胞并促进细胞纳米粒的摄取，而 AS1411 能够识别肿瘤细胞，二者联合应用便能够提高两种细胞对纳米粒的摄取。

另外，原味 C6 脑胶质瘤的小鼠模型分别给予载 DiR 的 NP、AsNP、AsTNP 和 TNP，于一定时间点观察动物的体内荧光分布，2010 年发表在 *Journal of Controlled Release* 上试验结果表明，普通 NP 的脑部分布很少；AS1411 单修饰的 AsNP 也只有少量进入脑部，由离体脑组织可以看出其主要分布于脑肿瘤。而单修饰 TGN 的 TNP 脑部分布大为增加，在各时间点脑部荧光的丰度均强于 NP 和 AsNP；但从离体脑组织荧光分布可看出，TNP 在脑部呈弥散分布，并无明确的脑肿瘤选择性。而 AS1411 和 TGN 双修饰的 AsTNP 则在脑肿瘤部位有很强分布，并且明显强于脑组织的其他部位，这证实了 TGN 携带纳米粒入脑后，AS1411 可进一步携带纳米粒靶向至脑肿瘤，显示出双级脑靶向的优越性。

总之，随着靶向载药策略研究的日益成熟，并已经成功地广泛用于脑胶质瘤靶向纳米载体系统治疗和诊断，显示出较强的优势和临床应用潜力。同时，通过对 BBB 和胶质瘤细胞上不同转运机制以及对胶质瘤病理变化相关分子基础的不断深入研究，将会研究出更多新型的、高效低毒的脑胶质瘤靶向载药系统用于临床患者的治疗。

15.4　常用的纳米药物载体类型

四种常用的纳米药物载体：①纳米磁性颗粒[89]；②高分子纳米药物载体；③纳米脂质体；④纳米智能药物载体。因篇幅所限，这里仅较详细说明一下第③种和第④种。脂质体技术又被称作“生物导弹”，是第四代靶向给药技术。该技术利用脂质体独有的特性，将毒副作用大且在血液中输送稳定性差、降解快的药物包裹在脂质体内，然后将脂质体药物送达病灶处。临床治疗表明：这种纳米脂质体给药减少了患者的病痛，有效地提高了临床治疗效果。纳米智能药物载体就是在靶向给药的基础上，设计合成缓释药包膜，以纳米技术制备的纳米药物粒子，结合靶向给药和智能释药技术，用纳米技术去完成缓释药的目的，即除定点给药之外，还根据用药环境的变化，自我调整自动释药。对动物实验表明：采用纳米智能药物载体在靶向治疗乳腺肿瘤过程中非常成功，能够实现控制给药地点和给药浓度，大大提高了治疗的效果。

15.5　用纳米粒子包裹造影剂

用纳米粒子包裹造影剂或放射性物质（如放射性的碘、铟、锝等），用作肿瘤和身体其他部位定位的显影剂。这种造影材料具有：①无创性可静脉注射；②体内稳定性强，使左心腔及心肌均可以达到满意显影；③无生物活性，对人体无毒和副反应。因此该显影技术应用较为广泛[90]。

15.6　纳米药物载体的展望：诊断与治疗

（1）发展纳米药物存储器（药泵），用于存储、运输指定的药物并按指定的部位存放，即定点给药，其体积可达数立方微米。

（2）制造纳米“生物导弹”，直接用于治疗各种细胞水平的疾病。

（3）研究制备纳米级载体与具有特异性的药物相结合，以获得具有自动靶向和定时定量释药的纳米智能药物相结合，以便解决重大疾病的诊断与治疗难题，造福人类、为患者带去福音[91]。

最近，谷歌 Alpha Fold2 可成功地预测蛋白质的折叠结构，准确率高达 92.4%，这一突破性的进展预示着人工智能和基因科学对人类的疾病治疗与预防、对基因治疗将产生巨大的推动作用。毫无疑问，Alpha Fold2 能够根据氨基酸序列成功预测出生命基本分子——蛋白质的三维结构意义重大。另外，在基因治疗科学方面，美国国家医学院 Fei-Fei Li 院士创建的 Image Net（图像网）为人工智能高效地用于医疗与诊断发挥了重大作用。

本篇习题

1. 为什么说组织工程是继细胞生物学和分子生物学后，生命科学发展史上又一个新的里程碑?

2. 为什么人工器官的研究国际上十分重视? 国际医学界为什么更加关注修复与再生康复的科学研究?

3. 国际上为什么对康复医学，尤其是神经系统损伤的修复工作格外重视? 中枢神经损伤和周围神经系统的再生与修复与干细胞治疗和神经经营因子基因转移技术有何联系?

4. 纳米粒子的医疗用途要求尽量延长其对靶向器官的作用时间，研究发现：经过修饰后的纳米粒子沿静脉用药与未修饰的纳米粒子相比，系统的作用时间延长了几倍。另外，人们还发现采用纳米药物载体把抗病毒药定向地输送到巨噬细胞，以使药物充分发挥作用，从而减少剂量，减轻毒副反应。以上是延长给药时间以及细胞内靶向给药两个方面说明纳米药物载体在治疗中的应用。你能否通过查阅相关资料，再给一些纳米药物载体在疾病治疗中的具体应用?

5. 2023 年 5 月中旬在 Google 总部召开了每年一度的 Google I/O 大会，推出了 PaLM2 大型语言模型，其中 Med-PaLM2 是用于医学的，它可以方便患者自己看懂 X 光片等信息所表达的含义，有利于指导患者就医。在这个大环境下，尽快掌握前沿 AI 工具，是增强人们人才竞争力的重要组成部分。你对 Med-PaLM2 工具有何看法?

6. OpenAI 于 2022 年 11 月 30 日和 2023 年 3 月 14 日分别推出 GPT-3.5 和 Chat GPT-4，2024 年 5 月 14 日又推出 GPT-4O，这里“O”是英文单词 omni 的缩写。GPT-4O 是一个集成文字、语言、图片和视频的首个原生多模态新模型。你对 GPT-4O 有何看法?

7. 为什么说纳米药物载体在未来疾病诊断与治疗中所发挥的作用会越来越大呢?

第六篇　超材料在人与机隐身中的应用

经典电磁学和现代光学通常研究的是电磁波与宏观物质的相互作用，以及微观尺度上的量子效应与应用。人们对亚波长尺度空间上的电磁波行为缺乏认识，例如以光的衍射为例，传统理论认为光学成像和传输受衍射极限的限制，难以在亚波长尺度上操控，严重制约了光子技术的发展。

根据研究的尺度与波长关系，通常可划分为“超波长”“近波长”和“亚波长”三个范畴。19 世纪初期起，“近波长”这一尺度逐渐被广泛研究，并在此基础上出现了包括光栅在内的多种衍射器件。19 世纪末期以来，随着 Maxwell 和 Lorenz 电子论的出现，电磁学的发展取得了重大进展，“亚波长”这一尺度也逐渐受到重视。与此同时，量子力学的诞生进一步使得电磁学的研究尺度深入到原子尺度，并在这一尺度上发现了许多光与物质互相作用的新现象，为光子的操控提供了全新的理论。

亚波长电磁学是研究物质与电磁波在亚波长尺度下的相互作用及其一些现象、规律、机理与应用的学科。从研究的尺度而言，亚波长电磁学填补了量子力学与传统电磁学之间的空白，构建了连接微观与宏观物理桥梁。因此第 16 章首先介绍了亚波长理论的物理基础；第 17 章概述了超材料、超构表面和光子晶体，应该讲它涵盖了当前在亚波长领域中新型材料研究的重要方向；第 18 章和第 19 章分别讨论了隐身衣设计的几种方法以及飞行器的隐身技术。因隐身技术涉及面极广，这里仅讨论超材料在隐身技术领域中的应用问题。

第16章　亚波长电磁理论的物理基础

16.1　电磁学和光学的研究尺度及亚波长的概念

波长 λ 是电磁波的一个基本参数，按照波长 λ 或频率 f 可以将电磁波分为紫外、可见、红外、太赫兹、微波和射率等不同频段。根据物质结构与波长的关系，可将研究尺度划分为“超长波”“近波长”和“亚波长”这3个区间，如图16.1所示。

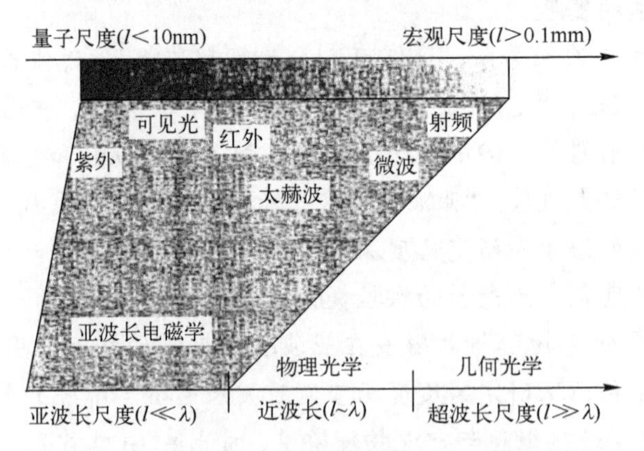

图16.1　电磁学与光学的研究尺度

在超波长尺度，传统的几何光学几乎可以解释所有的光学现象；在近波长尺度则需要借助于物理光学的知识研究光波的衍射特性。在亚波长尺度则几何光学和物理光学的知识均已失效，需要采用严格的电磁学理论进行分析。由于电磁波的波长范围极广，亚波长电磁学研究的绝对尺度已经复盖了量子、介观和宏观尺度；对于极紫外和X射线等短波长的电磁波，这时量子效应已经不能忽略；对于射频等波长较长的电磁波，则通常不需要考虑量子特性。

16.2　亚波长电磁学的物理基础方程

由Maxwell方程组

$$\nabla \times \boldsymbol{H}(\boldsymbol{r},t)=\frac{\partial \boldsymbol{D}(\boldsymbol{r},t)}{\partial t}+\boldsymbol{J}(\boldsymbol{r},t) \tag{16.1a}$$

$$\nabla \times \boldsymbol{E}(\boldsymbol{r},t) = -\frac{\partial \boldsymbol{B}(\boldsymbol{r},t)}{\partial t} \tag{16.1b}$$

$$\nabla \cdot \boldsymbol{D}(\boldsymbol{r},t) = \rho_0(\boldsymbol{r},t) \tag{16.1c}$$

$$\nabla \cdot \boldsymbol{B}(\boldsymbol{r},t) = 0 \tag{16.1d}$$

$$\boldsymbol{D} = \varepsilon \boldsymbol{E} \tag{16.1e}$$

$$\boldsymbol{B} = \mu \boldsymbol{H} \tag{16.1f}$$

$$\boldsymbol{J} = \sigma \boldsymbol{E} \tag{16.1g}$$

式中：ε，μ，σ分别为介电常数、磁导率和电导率。

本节约定，使用$\exp(\mathrm{j}\omega t)$作为时谐因子，令

$$w(t) = u(t) + \mathrm{j}v(t) \tag{16.2}$$

是t的复合函数，则对于时谐场求n次导数则有

$$\frac{\partial^n}{\partial t^n}\mathrm{Re}\{u(\boldsymbol{r})\exp(\mathrm{j}\omega t)\} = \mathrm{Re}\{(\mathrm{j}\omega)^n u(\boldsymbol{r})\exp(\mathrm{j}\omega t)\} \tag{16.3}$$

特别取$n=1$时，则式（16.3）变为

$$\frac{\partial}{\partial t}\mathrm{Re}\{u(\boldsymbol{r})\exp(\mathrm{j}\omega t)\} = \mathrm{Re}\{\mathrm{j}\omega u(\boldsymbol{r})\exp(\mathrm{j}\omega t)\} \tag{16.4}$$

另外，对于时谐场，这时 Maxwell 方程变为

$$\nabla \times \boldsymbol{H}(\boldsymbol{r}) = \mathrm{j}\omega \boldsymbol{D}(\boldsymbol{r}) + \boldsymbol{J}(\boldsymbol{r}) \tag{16.5a}$$

$$\nabla \times \boldsymbol{E}(\boldsymbol{r}) = -\mathrm{j}\omega \boldsymbol{B}(\boldsymbol{r}) \tag{16.5b}$$

$$\nabla \cdot \boldsymbol{D}(\boldsymbol{r}) = \rho_0(\boldsymbol{r}) \tag{16.5c}$$

$$\nabla \cdot \boldsymbol{B}(\boldsymbol{r}) = 0 \tag{16.5d}$$

对于无源空间，则式（16.5a）～式（16.5d）变为

$$\nabla \times \boldsymbol{H}(\boldsymbol{r}) = \mathrm{j}\omega\varepsilon \boldsymbol{E}(\boldsymbol{r}) \tag{16.6a}$$

$$\nabla \times \boldsymbol{E}(\boldsymbol{r}) = -\mathrm{j}\omega\mu \boldsymbol{H}(\boldsymbol{r}) \tag{16.6b}$$

$$\nabla \cdot \boldsymbol{E}(\boldsymbol{r}) = 0 \tag{16.6c}$$

$$\nabla \cdot \boldsymbol{H}(\boldsymbol{r}) = 0 \tag{16.6d}$$

对式（16.6b）求旋度，并将式（16.6a）代入，得

$$\nabla \times \nabla \times \boldsymbol{E}(\boldsymbol{r}) = k^2 \boldsymbol{E}(\boldsymbol{r}) \tag{16.7}$$

式中：k为波数，并且有

$$k^2 = \omega^2 \varepsilon\mu \tag{16.8}$$

这里ω是角频率，并且有

$$\omega = 2\pi f \tag{16.9}$$

式（16.9）中，f 为频率。对于任一矢量 $\boldsymbol{A}$，恒有

$$\nabla \times \nabla \times \boldsymbol{A} = \nabla(\nabla \cdot \boldsymbol{A}) - \nabla^2 \boldsymbol{A} \tag{16.10}$$

利用式（16.10）以及式（16.6c），则式（16.7）变为

$$\nabla^2 \boldsymbol{E}(\boldsymbol{r}) + k^2 \boldsymbol{E}(\boldsymbol{r}) = 0 \tag{16.11}$$

同样，对式（16.6a）求旋度，并将式（16.6b）代入，得

$$\nabla \times \nabla \times \boldsymbol{H}(\boldsymbol{r}) = k^2 \boldsymbol{H}(\boldsymbol{r}) \tag{16.12}$$

同样还有

$$\nabla^2 \boldsymbol{H}(\boldsymbol{r}) + k^2 \boldsymbol{H}(\boldsymbol{r}) = 0 \tag{16.13}$$

如果考虑到 μ 是 $\boldsymbol{r}$ 的函数则无源空间中的电磁波方程式（16.7）与式（16.12）应该修正为

$$\nabla \times \nabla \times \boldsymbol{E}(\boldsymbol{r}) + \mu(\boldsymbol{r}) \nabla \mu(\boldsymbol{r})^{-1} \times \nabla \times \boldsymbol{E}(\boldsymbol{r}) = k^2 \boldsymbol{E}(\boldsymbol{r}) \tag{16.14}$$

$$\nabla \times \nabla \times \boldsymbol{H}(\boldsymbol{r}) + \varepsilon(\boldsymbol{r}) \nabla \varepsilon(\boldsymbol{r})^{-1} \times \nabla \times \boldsymbol{H}(\boldsymbol{r}) = k^2 \boldsymbol{H}(\boldsymbol{r}) \tag{16.15}$$

式（16.14）与式（16.15）就是亚波长电磁学的物理基础方程。

16.3　负折射率理论的推导

在 Maxwell 方程组中，最基本的电磁参数并不是折射率，而是介电常数 ε 和磁导率 μ；为便于从理论上推出负折射率，引入相对介电常数 $\tilde{\varepsilon}$ 和相对磁导率 $\tilde{\mu}$，即

$$\boldsymbol{D} = \varepsilon_0 \tilde{\varepsilon} \boldsymbol{E} \tag{16.16}$$

$$\boldsymbol{B} = \mu_0 \tilde{\mu} \boldsymbol{H} \tag{16.17}$$

式中：ε_0 与 μ_0 分别为真空的介电常数和磁导率。

令 $\boldsymbol{j}_0$ 为传导电流密度，并且有

$$\boldsymbol{j}_0 = \sigma \boldsymbol{E} \tag{16.18}$$

Maxwell 方程组可写作

$$\nabla \times \boldsymbol{E} = -\frac{\partial \boldsymbol{B}}{\partial t} \tag{16.19a}$$

$$\nabla \times \boldsymbol{H} = \boldsymbol{j}_0 + \frac{\partial \boldsymbol{D}}{\partial t} \tag{16.19b}$$

$$\nabla \cdot \boldsymbol{D} = \rho_0 \tag{16.19c}$$

$$\nabla \cdot \boldsymbol{B} = 0 \tag{16.19d}$$

式中：ρ_0 为自由电荷密度。

由 Maxwell 方程组可推导出电磁场所满足的波动方程

$$\left(\nabla^2 - \frac{n^2}{c^2}\frac{\partial^2}{\partial t^2}\right)\psi = 0 \tag{16.20}$$

式中：ψ 表示电磁场某一个分量；n 和 c 分别为折射率与真空中的光速，且满足

$$n^2 = \varepsilon\mu \tag{16.21}$$

$$c = \sqrt{\frac{1}{\varepsilon_0\mu_0}} \tag{16.22}$$

考虑时谐电磁场具有时间因子 $\exp(-\mathrm{j}\omega t)$，对于无源 Maxwell 方程组的两个电磁感应方程为

$$\nabla\times\boldsymbol{E} = \mathrm{j}\omega\mu\mu_0\boldsymbol{H} \tag{16.23a}$$

$$\nabla\times\boldsymbol{H} = -\mathrm{j}\omega\varepsilon\varepsilon_0\boldsymbol{E} \tag{16.23b}$$

此时，进一步考虑具有如下形式的平面波解

$$\boldsymbol{E} = \boldsymbol{E}_0\exp(\mathrm{j}\boldsymbol{k}\cdot\boldsymbol{r} - \mathrm{j}\omega t) \tag{16.24a}$$

$$\boldsymbol{H} = \boldsymbol{H}_0\exp(\mathrm{j}\boldsymbol{k}\cdot\boldsymbol{r} - \mathrm{j}\omega t) \tag{16.24b}$$

这时式（16.23a）和式（16.23b）可简化为

$$\boldsymbol{k}\times\boldsymbol{E} = \omega\mu\mu_0\boldsymbol{H} \tag{16.25a}$$

$$\boldsymbol{k}\times\boldsymbol{H} = -\omega\varepsilon\varepsilon_0\boldsymbol{E} \tag{16.25b}$$

如果 ε 和 μ 均为正值，则 $\boldsymbol{E}$、$\boldsymbol{H}$ 和 $\boldsymbol{k}$ 满足右手定则。同理，当 $\varepsilon<0$ 且 $\mu<0$ 时，式（16.25a）和式（16.25b）可重新写为

$$\boldsymbol{k}\times\boldsymbol{E} = -\omega|\mu|\mu_0\boldsymbol{H} \tag{16.26a}$$

$$\boldsymbol{k}\times\boldsymbol{H} = \omega|\varepsilon|\varepsilon_0\boldsymbol{E} \tag{16.26b}$$

此时，$\boldsymbol{E}$、$\boldsymbol{H}$ 和 $\boldsymbol{k}$ 满足左手定则，对应的材料称作负折射材料。这里要特别说明的是，时间平均的能流密度（即 Poynting 矢量的实部）永远满足右手定则，即

$$\boldsymbol{S} = \frac{1}{2}\mathrm{Re}(\boldsymbol{E}\times\boldsymbol{H}) \tag{16.27}$$

上述负折射率理论由前苏联物理学家 Veselago 于 1968 年从理论上系统推导并于 1996 年之后陆续被多国科学家用实验证实[92]。

16.4　负折射材料的特性

Veselago 进一步指出了负折射电磁波在这种材料中将存如下几点异常电磁行为。

（1）逆 Snell 折射效应；（2）逆 Doppler 效应；（3）逆 Cherenkov 效应；（4）负折射完美成像。

因篇幅所限，对于上述异常电磁行为这里不预赘述，感兴趣者可参阅国内外相关书籍，例如文献[93–94]等。

第 17 章　超材料/超构表面与光子晶体传感器

亚波长电磁学的研究范畴涉及不同特征的结构与电磁波的相互作用，通常认为包括表面等离子体、光子晶体、超材料和超表面几个研究领域。

17.1　超构表面的结构

从 Maxwell 方程组可知，本构参数、初始条件和边界条件是一切电磁问题的数学与物理基础。超材料的核心思想是利用亚波长结构合成具有等效本构参数的人工复合材料，从而实现对电磁波的任意控制。对于超构表面结构（以下简称超表面）而言，由于其厚度远小于波长，可将其等效为一种人工设计的边界。超表面不仅保留了传统超材料的独特电磁特性，更具有超薄、易加工、易共形等优势。超表面结构的历史可追溯到 20 世纪初。近些年来，超表面结构器件已广泛应用于光谱滤波、表面等离子体光学器件、振幅和相位调制器件、完美吸收材料等。

以超表面突破传统限制的“衍射极限”为例去说明超表面在电磁波行为所显示的特异品质的重要应用。在传统光学中，显微镜的空间分辨率受到光波衍射的限制，这一最小分辨率被称为“衍射极限”。由于波长是决定衍射极限的关键因素，因此科学家们建议使用波长较短的光来获得更高的分辨力。2014 年诺贝尔化学奖得主 Hell 在超分辨荧光显微技术中做出了重大贡献，而获此奖。超表面，特别是表面等离子体超表面的出现，为突破衍射极限提供了一种全新的手段。由于表面等离子体的短波长和定向传输特性，传统衍射极限不再是限制超分辨成像的绝对障碍。

17.2　突破 Planck-Rozanov 厚度带宽极限

在传统理论中，完美吸收器的厚度和带宽上具有理论极限。2000 年 Rozanov 根据计算和 Kramers-Kroning 关系给出了带宽一厚度极限的严格推导。因此，吸收材料的厚度和带宽之间的限制关系也称为 Planck-Rozanov 限制。利用 0.3nm 厚的钨或 0.34nm 的单层石墨烯在相干条件下可吸收所有入射的微波、太赫兹能量，突破 Planck-Rozanov 厚度带宽极限。在可见光波段，为了实现对于入射光的完美吸收，钨膜的厚度增加到 17nm，但该厚度仍旧远远小于入射光的波长。

17.3　光子晶体在传感器中的应用

17.3.1　光子晶体产生的背景及特点

随着社会的进步和人们对健康安全和食品安全的广泛关注，生物医学探测仪器和食品检测器件也越来越向低成本、小型化、更高检测精度的方向发展。传统的生物探测系统，主要依赖分析物和不同标记粒子的绑定，常用的标记粒子的有量子点、金属颗粒以及染料分子等。通常使用标记粒子的探测系统要么系统复杂，要么体积大，要么缺少足够的精度，其主要原因是这些探测系统在设计时存在一个难点，即标记分子和分析物相互作用的横截面较小。为克服这个难点，近年来无标记生物传感器开始得到大力发展，无标记的生物传感器因其不需要使用复杂的、有可能对生物材料带来潜在污染的放射性，获得了使用者的厚爱。无标记生物传感器包括光子晶体的生物传感器、基于表面等离子的生物传感器以及基于干涉仪的生物传感器等。

光子晶体是一类两种或两种以上介质周期或者准周期排布的材料，其具有光子带隙、负折射、抑制自发辐射等特点，可以在微纳尺度上实现光调控，具有广阔的应用前景，例如在光子晶体滤波器、光子晶体波导等方面都有重要应用，尤其是光子晶体为光学纳米生物检测提供了一个很好的平台。光子晶体因为具有光子晶体带隙，能够增强局域场分布，获得极强的光局域，去增强光与物质的相互作用，因此在纳米生物探测方面有很大潜力。此外，与许多基于电磁场的倏逝场与分析物相互作用而实现光学生物医学探测的光学探测平台不同，光子晶体传感器可以在低折射率区域实现较高的局域场，这增加了光子晶体生物传感器与探测分子之间的相互作用，使得光子晶体生物传感器具有较高的检测精度，能够对传感器附近极小生物分子引起的折射率变化做出反应，进而检测到较小的生物分子。光子晶体传感器与传统传感器相比，器件尺寸小、极易集成、检测灵敏度高，可以实现单分子检测以及高灵敏度检测，光子晶体生物传感器可实现与外界无电连接，能够和其他装置分离，实现遥控操作。

17.3.2　几种与光子晶体相关的传感器进展

1．纳米级生物传感器

在 2006 年左右，斯坦福大学 Fan 团队基于二维光子晶体模板，设计了光子晶体薄板生物传感器，检测精度约为 $\mathrm{d}\lambda/\mathrm{d}n \approx 95$，该生物传感器集成了光学读取模块，是一个集成的小型化的纳米级传感器。它标志着光子晶体设计的小型化、低成本、高速、并行化生物传感器已经成功地完成了初步尝试。

2．光子晶体缺陷腔传感器设计的重大发展

（1）2003 年，Loncar 等人基于二维光子晶体薄板缺陷腔，设计了生物传感器。该生物传感器检测到折射率变化精度可达 0.001，由于光子晶体缺陷腔的尺寸极小，这使得一块芯片上可以集成多个芯片。

（2）2004 年，Schmidt 等在硅波导上制作了微米尺度的一维光子晶体缺陷腔，因为该缺陷腔附近的光强极大增强，因此增强了光与物质的相互作用，有极高的检测精度，可用于探测 DNA、RNA、蛋白质分子以及抗原等。

（3）2004 年，Chow 等人在 SOI 衬底上制作了基于二维光子晶体缺陷腔的极小生物化学检测器。生物检测器的感应面积约为 $0.15\mu m^2$，感受周围折射率变化的最小精度是 0.002；由于检测面很小，可在小的检测面积上能使同一个芯片可以集中多个检测器，进而可以完成对多分子的检测工作。

（4）2007 年，Lee 等实现了单分子的蛋白质检测，该生物分子探测器可探测的最小面积 $0.5\mu m^2$，最小质量为 1fg，因此该器件的检测尺寸范围涵盖了大多数的病毒分子。

（5）2008 年 Chakravarty 设计了一种光子晶体 L4 缺陷腔激光器，可以将多个传感器集成到一个芯片上，进而实现多离子的并行检测。

3．光子晶体波导生物传感器设计的进展

在光子晶体中，引入线缺陷，便形成光子晶体波导。在光子晶体带隙中引入缺陷态，即传导模式。传导模式位于光子晶体带隙中，无法向光子晶体波导两侧传播，因此传导模式被局域在光子晶体波导中，并在波导中传播。光子晶体波导的传导模式对波导周围的折射率非常敏感，带边波长能够随周围折射率变化而发生红移或兰移，因此光子晶体波导在光子晶体传感器方面有很大的应用空间。

4．将光子晶体激光器作为生物传感器应用

（1）2003 年，美国加州理工大学 Loncar 等采用 $I_nG_aA_sP$ 量子阱光子晶体激光器进行化学检测。光子晶体结构为单缺陷三角晶格空气孔二维平板结构。将器件分别侵入 IPA（乙丙醇）和甲醇中，测量共振波长的漂移量，并与在空气中的共振波长进行对比。发现在 IPA 中得到了 67nm 的漂移量，对应于折射率从 1 变到 1.377 的红移量。这种高品质因子 *Q* 值的光子晶体激光器能作为生物传感器进行化学物质检测。

（2）2011 年，日本横滨大学光子晶体纳米小组在 $G_aI_nA_sP/I_nP$ 量子阱 HO 腔光子晶体纳米激光器中加入 30～70nm 宽的狭槽，构成了小尺寸可遥控操作的生物传感器，加入纳米狭槽后，共振峰线宽从 600pm 减小至 30pm，共振峰波长的漂移量从 2.2nm 增加至 4.4nm，提高了检测极限。另外，在纳米狭槽内，模式能量增强，模式体积减小，增强了分子的捕捉能力。检测结果为 BSA（牛血清白蛋白）蛋白质分子检测极限 DL<10fM，这里 fM 表示检测极限的级别。该项成果可作为无标签生物传感器，可以用在如肿瘤标志物检测、过敏检测、细胞检查和蛋白组织学等方面。

17.4　光子晶体的 PBG 性质与应用

光子晶体是一种典型的亚波长结构，具有类似于半导体电子能带的光子带隙

(photonic Band Gap，PBG)，也被称为光子半导体。光子带隙（PBG）是光子晶体的一个极其重要的物理性质，几乎所有光子晶体的异常效应都与 PBG 有关。用光子晶体构成的光子集成芯片可像集成电路对电子的控制一样对光子进行控制，从而实现全光信息处理，在全光通信网、光量子信息、光子计算机等多项领域有诱人的应用前景[95-96]。

17.5 二维材料石墨烯的电磁特性

石墨烯的电磁特性可以通过外加电场或磁场调节。将石墨烯等效成一层厚度为 τ 的介质层，其体电导 $\sigma_{3\text{D}}=\sigma_{2\text{D}}/\tau$；由于 Hall 效应，石墨烯的表面电导率表现为各向异性。在低频段，石墨烯的电导率可通过 Drude 模型描述，其电导率张量的表达式为

$$\boldsymbol{\sigma}_{2\text{D}}=\begin{bmatrix}\sigma_{xx} & \sigma_{xy}\\ \sigma_{yx} & \sigma_{yy}\end{bmatrix} \tag{17.1}$$

$$\sigma_{xx}=\frac{2D}{\pi}\cdot\frac{\gamma D+\text{i}\omega}{\omega_{\text{c}}^{2}-(\omega-\text{i}\gamma D)^{2}} \tag{17.2}$$

$$\sigma_{xy}=-\frac{D}{\pi}\cdot\frac{\omega_{\text{c}}}{\omega_{\text{c}}^{2}-(\omega-\text{i}\gamma D)^{2}} \tag{17.3}$$

$$D=\frac{\text{e}^{2}k_{B}T}{\hbar^{2}}\ln\left[2\cosh\left(\frac{\mu_{\text{c}}}{2k_{B}T}\right)\right] \tag{17.4}$$

式中：ω_{c} 为磁回旋频率；电导率张量分量之间满足 $\sigma_{xx}=\sigma_{yy}$，$\sigma_{xy}=-\sigma_{yx}$。

显然当磁场为零时，$\sigma_{xy}=0$，σ_{xx} 退化为普通的 Drude 模型，即

$$\sigma_{xx}=\frac{2D}{\pi}\cdot\frac{1}{\omega-\text{i}\gamma D} \tag{17.5}$$

磁性色散材料介电常数张量 $\boldsymbol{\varepsilon}(\omega)$ 定义为

$$\boldsymbol{\varepsilon}(\omega)=\varepsilon_{0}\begin{bmatrix}\varepsilon_{xx}(\omega) & \varepsilon_{xy}(\omega) & 0\\ -\varepsilon_{xy}(\omega) & \varepsilon_{yy}(\omega) & 0\\ 0 & 0 & \varepsilon_{zz}(\omega)\end{bmatrix} \tag{17.6}$$

$$\varepsilon_{xx}(\omega)=\frac{1}{\varepsilon_{0}}\left(1-\frac{\omega_{\text{p}}^{2}(\omega-\text{i}\gamma D)}{\omega(\omega-\text{i}\gamma D)^{2}-\omega\omega_{\text{c}}^{2}}\right) \tag{17.7}$$

$$\varepsilon_{xy}(\omega)=-\frac{1}{\varepsilon_{0}}\frac{\text{i}\omega_{\text{p}}^{2}\omega_{\text{c}}}{\omega(\omega-\text{i}\gamma D)^{2}-\omega\omega_{\text{c}}^{2}} \tag{17.8}$$

$$\varepsilon_{zz}(\omega)=\frac{1}{\varepsilon_{0}}\left(1-\frac{\omega_{\text{p}}^{2}}{\omega(\omega-\text{i}\gamma D)}\right) \tag{17.9}$$

对 Drude 模型以及相关符号，感兴趣者可参考文献[97]等。

17.6　双曲色散材料的基本理论及等频曲线的特征

双曲色散材料是一种典型的各向异性亚波长结构组成的人工结构材料，与传统的各向异性材料不同，该材料中主轴方向的介电常数按正数和负数交替变换排列。这种正负交替的结构使其中的电磁波具有许多异常特性，例如超衍射传输、负折射、自发辐射增强等。目前，实现双曲色散材料的典型结构主要有两种：金属-介质多层膜和金属纳米线阵列。当上述结构的周期远小于入射波长时，可以被看做是均匀媒介，其介电常数可以通过等效介质理论（EMT）进行分析。

17.6.1　在笛卡儿坐标系下的本构关系

在光学介质中，电位移矢量 $\boldsymbol{D}$、磁感应强度 $\boldsymbol{B}$、电场强度 $\boldsymbol{E}$ 和磁场强度 $\boldsymbol{H}$ 满足如下本构关系：

$$\boldsymbol{D} = \varepsilon_0 \boldsymbol{\varepsilon} \cdot \boldsymbol{E} \tag{17.10}$$

$$\boldsymbol{B} = \mu_0 \boldsymbol{\mu} \cdot \boldsymbol{H} \tag{17.11}$$

式中：ε_0 和 μ_0 分别为真空介电常数和磁导率；$\boldsymbol{\varepsilon}$ 和 $\boldsymbol{\mu}$ 分别为相对介电常数张量和相对磁导率张量。

在考虑非磁性介质情况时，$\boldsymbol{\mu}$ 退化为单位张量。对于非手型晶体材料，$\boldsymbol{\varepsilon}$ 通过对角变换可以写成对角矩阵的形式：

$$\boldsymbol{\varepsilon} = \begin{bmatrix} \varepsilon_{xx} & & \\ & \varepsilon_{yy} & \\ & & \varepsilon_{zz} \end{bmatrix} \tag{17.12}$$

一般情况下，ε_{xx}、ε_{yy}、ε_{zz} 的值随入射电磁波的角频率 ω 的变化而变化。当 $\varepsilon_{xx} \neq \varepsilon_{yy} \neq \varepsilon_{zz}$ 时，晶体为双轴晶体；当 $\varepsilon_{xx} = \varepsilon_{yy} \neq \varepsilon_{zz}$ 时，晶体为单轴晶体；当 $\varepsilon_{xx} = \varepsilon_{yy} = \varepsilon_{zz}$ 时，晶体为各向同性晶体。

17.6.2　单轴晶体的色散关系

由 Maxwell 方程组出发，讨论与推导单轴晶体的色散关系：

引入平面波

$$\boldsymbol{E} = \boldsymbol{E}_0 \exp(-\mathrm{j}(c\omega t - \boldsymbol{k} \cdot \boldsymbol{r})) \tag{17.13a}$$

$$\boldsymbol{H} = \boldsymbol{H}_0 \exp(-\mathrm{j}(c\omega t - \boldsymbol{k} \cdot \boldsymbol{r})) \tag{17.13b}$$

这里波矢 $\boldsymbol{k}$ 为

$$\boldsymbol{k} = [k_x, k_y, k_z] \tag{17.14}$$

代入无源条件下的 Maxwell 方程组

$$\nabla \times \boldsymbol{E} = -\frac{\partial \boldsymbol{B}}{\partial t} \tag{17.15a}$$

$$\nabla \times \boldsymbol{H} = \frac{\partial \boldsymbol{D}}{\partial t} \tag{17.15b}$$

可得

$$\boldsymbol{k} \times \boldsymbol{E} = \omega \mu_0 \boldsymbol{H} \tag{17.16a}$$

$$\boldsymbol{k} \times \boldsymbol{H} = -\omega \varepsilon_0 \boldsymbol{\varepsilon} \cdot \boldsymbol{E} \tag{17.16b}$$

并可整理得电磁波的波动方程

$$\boldsymbol{k} \times (\boldsymbol{k} \times \boldsymbol{E}) + \omega^2 \mu_0 \varepsilon_0 \boldsymbol{\varepsilon} \cdot \boldsymbol{E} = 0 \tag{17.17}$$

$$\begin{bmatrix} k_0^2 \varepsilon_{xx} - k_y^2 - k_z^2 & k_x k_y & k_x k_z \\ k_x k_y & k_0^2 \varepsilon_{yy} - k_x^2 - k_z^2 & k_y k_z \\ k_x k_z & k_y k_z & k_0^2 \varepsilon_{zz} - k_y^2 - k_x^2 \end{bmatrix} \begin{bmatrix} E_x \\ E_y \\ E_z \end{bmatrix} = 0 \tag{17.18}$$

式中：$k_0 = \omega / c$ 为真空中的波矢；$c = 1/\sqrt{\varepsilon_0 \mu_0}$ 为真空中的光速。

对于光轴沿 z 方向的单轴晶体，（$\varepsilon_{xx} = \varepsilon_{yy} \equiv \varepsilon_{\perp}$，$k_{\perp} = \sqrt{k_x^2 + k_y^2}$），其色散关系满足

$$(k_a^2 + k_z^2 - \varepsilon_a k_0^2)\left(\frac{k_a^2}{\varepsilon_{zz}} + \frac{k_z^2}{\varepsilon_a} - k_0^2\right) = 0 \tag{17.19}$$

式中，k_a 和 ε_a 分别表示 $k_{\perp}$ 和 $\varepsilon_{\perp}$；若令

$$k_a^2 + k_z^2 - \varepsilon_a k_0^2 = 0 \tag{17.20}$$

则得到 TE（transverse electric）波的色散方程；同样，若令

$$\frac{k_a^2}{\varepsilon_{zz}} + \frac{k_z^2}{\varepsilon_a} - k_0^2 = 0 \tag{17.21}$$

则得 TM（transverse magnetic）波的色散方程。

17.6.3　等频曲线的特性

有了色散方程，便可绘出同一频率下等效材料的色散曲线，即频率等高线（又称等频线）。介电常数 ε_x 和 ε_z 的符号决定着色散方程曲线的类型：当 $\varepsilon_x > 0$，$\varepsilon_z > 0$ 时，式（17.21）呈椭圆形等频线；当 $\varepsilon_x \cdot \varepsilon_z < 0$ 时，式（17.21）呈双曲型等频线；相应的材料，称双曲色散材料。对于双曲色散材料又可分为两类：①如果 $\varepsilon_x < 0$，$\varepsilon_z > 0$ 时，为第一类开口朝 K_x 轴方向的双曲色散材料，其在 K_x 轴上存在禁带，具有空间滤波特性；②如果 $\varepsilon_x > 0$，$\varepsilon_z < 0$ 时，为第二类开口朝 K_x 轴方向的双曲色散材料，其在 K_x 轴上可无限延伸，理论上能支持任意高波矢的传输，可用于超分辨成像；但在考虑了材料的实际厚度和内部损耗时，理想的双曲线将会呈现一些变形，能够传播的高频波矢实际上仍然有限。

第 18 章 隐身衣的几种设计方法

本章主要研究隐身衣设计技术，主要讨论隐身衣的三种设计方法并着重讨论隐身衣的变换光学（transformation optics，TO）技术和准保角变换方法。尽管本章仅给出隐身衣的三种设计方法，但这些内容确是人们一直感兴趣的前沿问题。

18.1 基于变换光学的隐身衣设计技术

Pendry 和 Leonhardt 两位教授独立提出了基于光学坐标变换的隐身衣（invisible cloak）设计方法并分别于 2006 年发表在 *Science* 杂志上[98-99]。该方法的基本思想是：根据 Maxwell 方程组在坐标变换下的形式不变性，利用空间变换与电磁参数变换具有等效性原理，他们巧妙地把这个变换光学原理用到了电磁隐身衣的设计[100]，即一种令电磁波绕过障碍而不对远场波前产生任何干扰的设计技术。如图 18.1 所示，通过将虚拟空间中的一个点变换为实空间的球形区域。

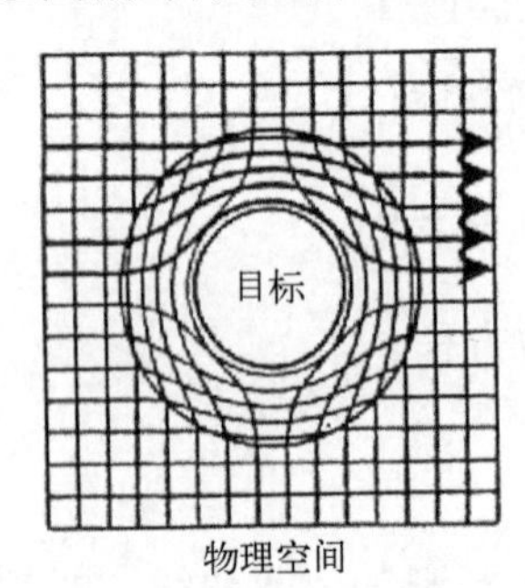

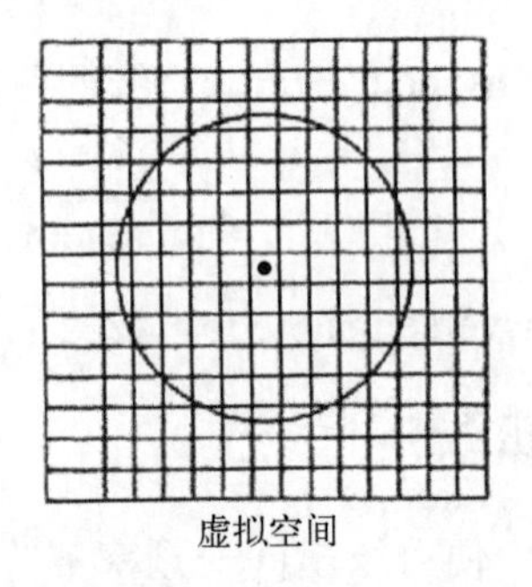

图 18.1 电磁隐身示意图

电磁波将不会接触实空间中被隐藏的物体，从而可实现该目标的电磁隐形。显然，隐身衣的功能实际上属于一种“虚拟赋形”技术[101]，即外观为球形的物体，从电磁波的角度来看成了一个点，因而理论上可实现无穷小的雷达散射截面（radar cross section，RCS）。

变换光学的数学基础是 Maxwell 方程组在坐标变换下的形式不变性。以常规笛卡儿坐标系 X 为例，假设背景材料为均匀各向同性介质，无源的 Maxwell 方程组为

$$\nabla \times \boldsymbol{E} = -\mu_0 \mu \frac{\partial \boldsymbol{H}}{\partial t} \tag{18.1a}$$

$$\nabla \times \boldsymbol{H} = \varepsilon_0 \varepsilon \frac{\partial \boldsymbol{E}}{\partial t} \tag{18.1b}$$

$$\nabla \cdot (\varepsilon\varepsilon_0 \cdot \boldsymbol{E}) = 0 \tag{18.1c}$$

$$\nabla \cdot (\mu\mu_0 \boldsymbol{H}) = 0 \tag{18.1d}$$

对常规的笛卡儿坐标系 X 变换为 X' 即 $X \to X'$，变换后的坐标系 X' 与原坐标系 X 之间的变换为

$$J_{ij} = \frac{\partial x_i'}{\partial x_j} \tag{18.2}$$

通过下面变换，Maxwell 方程将会保持形式不变[100]

$$\boldsymbol{E}' = (\boldsymbol{J}^{\mathrm{T}})^{-1}\boldsymbol{E} \tag{18.3a}$$

$$\boldsymbol{H}' = (\boldsymbol{J}^{\mathrm{T}})^{-1}\boldsymbol{H} \tag{18.3b}$$

$$\varepsilon' = \frac{\boldsymbol{J}\varepsilon\boldsymbol{J}^{\mathrm{T}}}{\det \boldsymbol{J}} \tag{18.3c}$$

$$\mu' = \frac{\boldsymbol{J}\mu\boldsymbol{J}^{\mathrm{T}}}{\det \boldsymbol{J}} \tag{18.3d}$$

以柱坐标下的隐身衣为例[100]，通过坐标变换

$$r' = R_1 + r(R_2 - R_1)/R_2 \tag{18.4a}$$

$$\theta' = \theta \tag{18.4b}$$

$$z' = z \tag{18.4c}$$

可得介电常数和磁导率为

$$\varepsilon_r = \mu_r = \frac{r - R_1}{r} \tag{18.5a}$$

$$\varepsilon_\theta = \mu_\theta = \frac{r}{r - R_1} \tag{18.5b}$$

$$\varepsilon_z = \mu_z = \left(\frac{R_2}{R_2 - R_1}\right)^2 \frac{r - R_1}{r} \tag{18.5c}$$

目前，在微波波段和光波段，隐身衣及其多种变体已经获得实验验证。尽管如此，该技术要达到工程实用化，还有很长的路要走，其存在的最大问题是响应频带太窄如果隐身物体的越大时，则器件带宽越显得较窄[102]。

18.2　Pendry 的准保角变换方法及验证

2008 年，Pendry 等提出了准保角变换方法实现了“隐身地毯”技术，如图 18.2 所示。图（a）为物理空间（具有梯度折射率分布）；图（b）为虚拟空间（折射率均匀分布）。实空间的梯度折射率可通过变换得到，折射率变化在 0.8～1.9 范围内。如果把 1 以下折射率近似为 1 时，该器件可通过传统介质和 Maxwell-Garnett 等效介质理论实现[103]，因而在一定程度上拓展了带宽[104]。

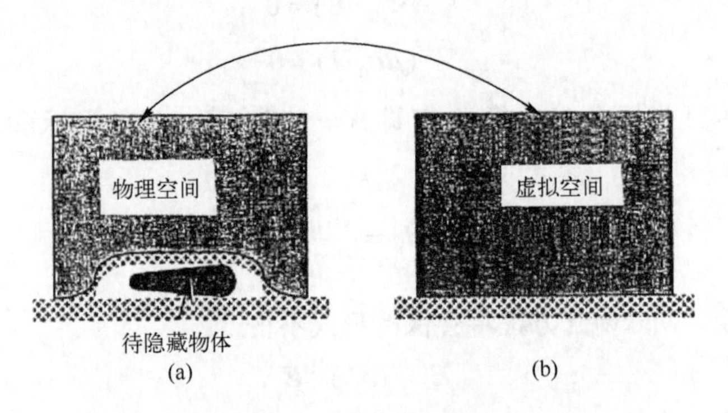

图 18.2　隐身地毯的原理图

由于采用了准保角变换，隐身地毯不需要具有极端参数的折射率（极大、极小、各向异性等），可以获得较宽的工作带宽[104]，因此在微波波段，可利用结构尺寸渐变的亚波长结构构造这种器件。该隐身地毯的测试表明，在 13～16GHz 内的隐身效果均是较好的[105]。

18.3　基于超表面的虚拟赋形技术

因为基于变换光学原理的隐身技术设计复杂，隐身效果受限，很难用于实际军用目标的隐身。近年来，基于超表面结构材料虚拟赋形技术的出现，便可以突破变换光学的带宽局限，实现宽带隐身。从可见光波段的实验结果显示，该方法可以保持良好的隐身特性[106]。从原理上，该技术也可以工作于微波、红外等其他波段，但目前还没有获得实验数据的支撑。

第 19 章　飞行器隐身技术

提高生存与突防能力是现代飞行器进行总体设计的重要目标与重要内容之一，其中，“多频谱、超宽带”与“全方位、宽速域”隐身技术已成为对飞行器隐身问题新的需求。通常所讲的飞行器隐身技术是指，在现有先进气动外形布局、隐身材料、隐身结构技术的基础上，充分利用超材料、微纳器件与系统，充分利用人工智能技术、微波光学、大数据分析、柔性制造等相关学科的研究成果，开发与应用新型隐身功能材料、器件和结构，在现有的系统总体约束下实现其目标特征的最优综合控制。因此，本章仅以讲述超材料隐身技术为主线，着重讨论等离子体隐身方法和超材料隐身的相关技术，使读者对飞行器隐身问题有一个宏观了解。

19.1　飞行器上的散射源及其散射特性分布

找出飞行器上强电磁散射源所在的部件或部位十分重要，它是飞行器进行隐身设计的基础，图 19.1（a）给出了飞行器隐身气动布局与外形一体化设计示意图；图 19.1（b）给出了飞行器上的散射源；图 19.2 给出了飞行器上各散射源强弱的比较；图 19.3 给出了某飞机电磁散射源的 RCS 分布。为了便于读者有一个宏观了解，这里先介绍一下这十大部位（见图 19.1）：

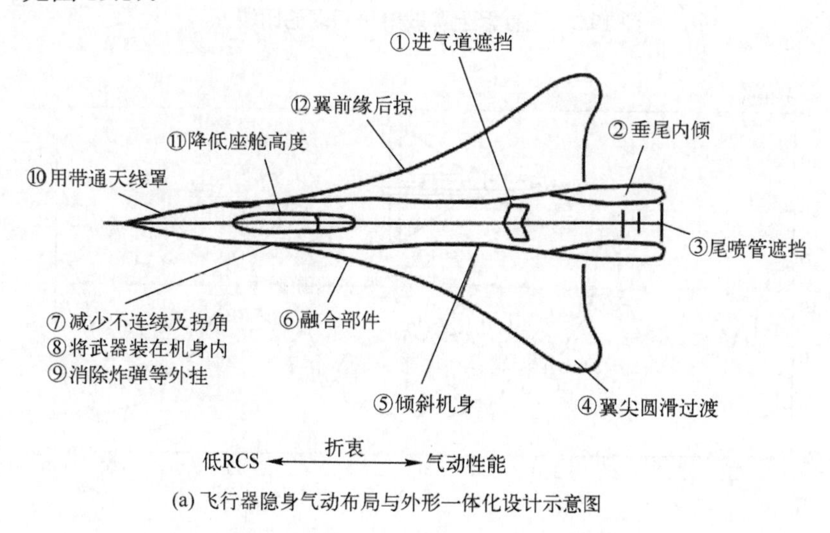

(a) 飞行器隐身气动布局与外形一体化设计示意图

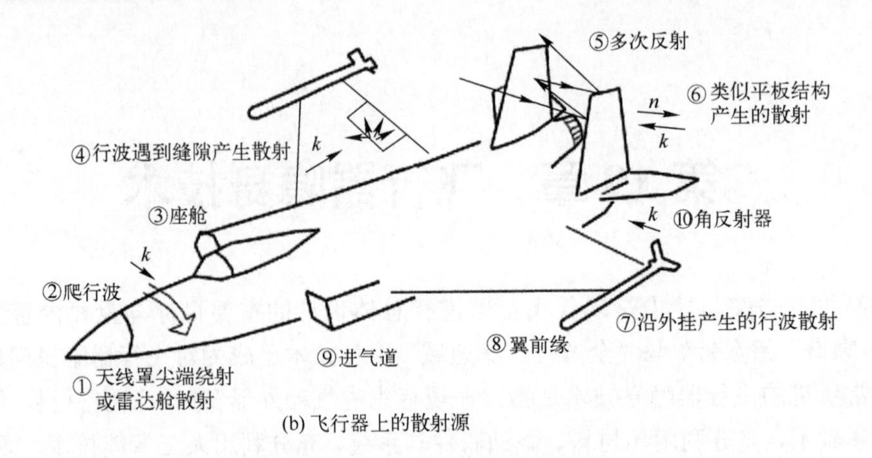

(b) 飞行器上的散射源

图 19.1　飞行器十大部位的散射源

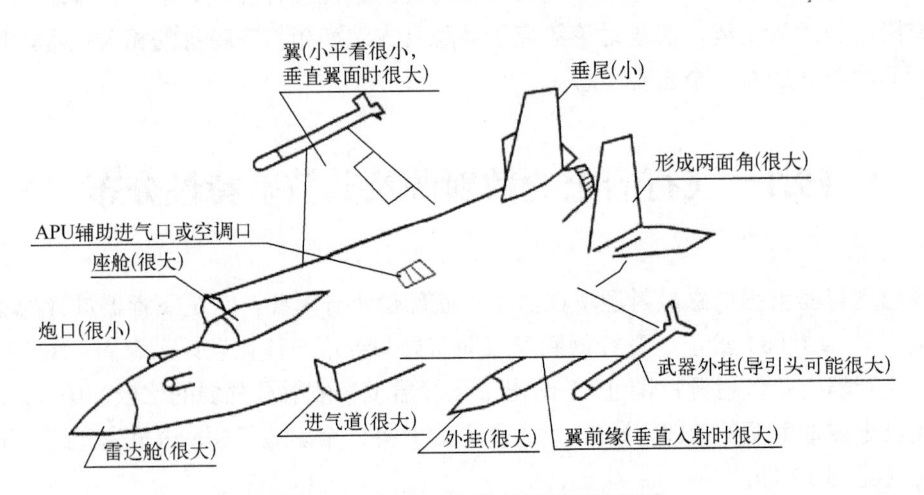

图 19.2　飞行器上各散射源强弱的比较

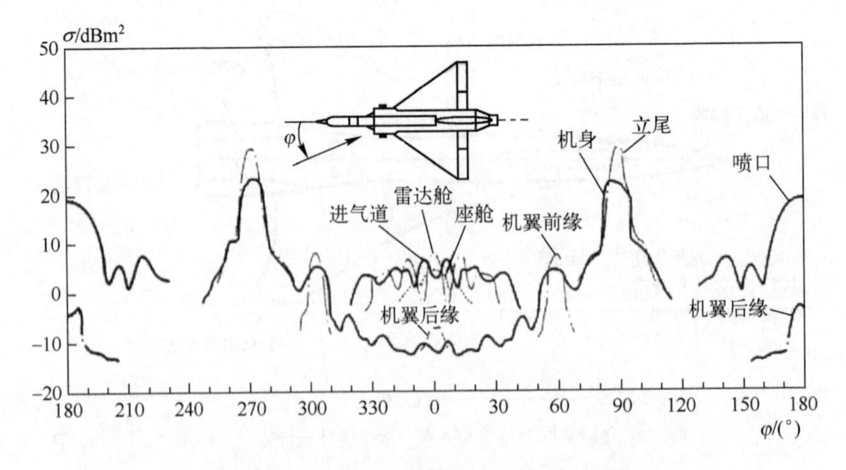

图 19.3　某飞机上电磁散射源的 RCS 分布

（1）如果天线罩是透波的，那么雷达将会探测到装有机载雷达的雷达舱；如果天线罩不透波，那么仅在机头顶端产生波的尖端绕射。

（2）在图中②处波矢量 $\boldsymbol{k}$ 的入射波在圆滑机体表面形成爬行波。

（3）座舱是一个腔体，是非常强的散射源。

（4）如图中④所示，入射波矢量 $\boldsymbol{k}$ 与翼表面相切，形成行波。

（5）如果入射角合适，在飞行器上可能会出现电磁波的多次反射现象，雷达很容易捕捉到这种反射。

（6）目标表面曲率半径 $\rho >> \lambda$ 的部分可被看作“平板”，较大的“平板”是很强的散射源。

（7）武器吊舱、副油箱等外挂也会产生较大的散射。

（8）在机（弹）翼前、后缘处可发生绕射。

（9）进气道腔体是一个强散射源。

（10）垂尾与平尾所形成的两面角，也可能形成非常强的散射。

对于飞行器电磁散射源（见图 19.2）特性分布的分析如下：

（1）武器外挂，外挂导弹如有末制导雷达时，其 RCS 很大；

（2）垂尾与平尾形成的两面角，其 RCS 很大；

（3）发动机尾喷管，电磁波在管壁上多次反射，形成向后的散射很大；

（4）垂尾，在侧向垂直翼方向上散射很强，其他方向上散射较小；

（5）机翼，在前、后缘方向上散射很强，其他方向散射很小；

（6）辅助动力装置的进排气口：例如空调进气口、机炮排气口在特定方向上形成较强的散射；

（7）座舱，座舱的 RCS 非常大；

（8）炮口，由于表面不连续而产生散射，其 RCS 较小；

（9）机体，机体的散射由 $\sigma = \pi\rho_1\rho_2$ 近似计算，其中 ρ_1 与 ρ_2 分别为机体表面的曲率半径。

对图 19.3，因篇幅所限不予赘述，感兴趣者可参考文献[107]等。

19.2　等离子体隐身技术

19.2.1　等离子体与电磁波的相互作用

等离子体由正负电荷（电子或离子）的电离气体或带电粒子组成。设密度均匀分布的等离子体中自由电子密度为 n，电子质量为 m，整个系统呈电中性，当角频率为 ω 的电磁波进入该等离子体，Maxwell 方程可写为

$$\nabla \cdot \boldsymbol{E} = \frac{1}{\varepsilon_0}(\rho_+ + \rho_-) \tag{19.1a}$$

$$\nabla \times \boldsymbol{E} = -\frac{\partial \boldsymbol{B}}{\partial t} \tag{19.1b}$$

$$\nabla \cdot \boldsymbol{B} = 0 \tag{19.1c}$$

$$\nabla \times \boldsymbol{B} = \mu_0 \boldsymbol{J} + \mu_0 \varepsilon_0 \frac{\partial \boldsymbol{E}}{\partial t} \tag{19.1d}$$

式中：ρ_+ 和 ρ_- 分别为正电荷体密度和负电荷体密度。

设进入等离子体中的是平面电磁波，电子和离子在电磁场的作用下运动，由于离子 $m_{\mathrm{i}} >>$ 电子 m_{e}，离子看成静止并忽略磁场的作用，电子的运动方程为

$$m\ddot{\boldsymbol{r}} = e\boldsymbol{E} = e\boldsymbol{E}_0 \exp(\mathrm{j}(\boldsymbol{k}' \cdot \boldsymbol{r} - \omega t)) \tag{19.2}$$

式（19.2）的解为

$$\boldsymbol{v} = \dot{\boldsymbol{r}} = -\frac{e\boldsymbol{E}_0}{\mathrm{j}\omega m} \exp(\mathrm{j}(\boldsymbol{k}' \cdot \boldsymbol{r} - \omega t)) \tag{19.3}$$

式中：e 为电子电量；m 为电子质量，$\boldsymbol{r}$ 为电子运动的矢径；$\boldsymbol{k}'$ 为波数，ω 为角频率；于是电流密度 $\boldsymbol{J}$ 为

$$\boldsymbol{J} = \rho \boldsymbol{v} = ne\boldsymbol{v} = -\frac{ne^2}{\mathrm{j}\omega m} \boldsymbol{E}_0 \exp(\mathrm{j}(\boldsymbol{k}' \cdot \boldsymbol{r} - \omega t)) \tag{19.4}$$

联立求解 Maxwell 方程组，得

$$(\boldsymbol{k}')^2 - \frac{\omega^2}{c^2} + \frac{1}{c^2}\frac{ne^2}{me_0} = 0 \tag{19.5}$$

解得 $\boldsymbol{k}'$ 值。经分析可得，当电磁波 $\omega > \omega_{\mathrm{pi}}$ 时，电子波可以在等离子体中传播，且有

$$|\boldsymbol{k}'| = \frac{1}{c}\sqrt{\omega^2 - \omega_{\mathrm{pi}}^2} \tag{19.6}$$

式中：ω 为电磁波的角频率；ω_{pi} 等离子体的振荡频率，其表达式为

$$\omega_{\mathrm{pi}} = \sqrt{\frac{n_{\mathrm{i}} e^2}{m_{\mathrm{i}} \varepsilon_0}} \tag{19.7}$$

这里 n_{i} 与 m_{i} 分别代表离子数与离子质量。

19.2.2 电磁波在等离子体中的传播

由于 $\omega > \omega_{\mathrm{pi}}$ 时电磁波在等离子体中传播，电磁波就会被等离子体吸收而逐渐衰减，这里造成等离子体对电磁波吸收的原因有两点：一是碰撞，另一个是折射。理论计算证实，第一个原因是主要的。

事实上，当等离子体频率与雷达电磁波频率相当时，等离子体能够高效地与电磁波相互作用。另外，用于隐身的等离子体都属于低温等离子体。

19.3　基于超材料的隐身技术

超材料（metamaterial）是 20 世纪末物理学、材料学和电磁学领域出现的一个新学术名词。超材料是具有天然材料所不具备的超常物理特性，是利用人工合成所制备的材料或结构[108]。

现阶段基于超材料的隐身技术主要集中在：①超材料的吸波体技术；②散射型数字或随机表面超材料；③基于超材料的电磁窗隐身技术；④超材料的智能隐身蒙皮技术。下面着重讨论上述隐身技术中的第①种和第③种。

19.3.1　基于超材料的吸波体技术

电磁波吸收体（又称吸波体或称吸波材料）是指能够将入射电磁波的能量转化为热能或其他形式的能量从而将其损耗掉的一类材料或结构。这类材料常分为三类：①传统材料吸波体；②超材料吸波体；③传统材料与超材料构成的复合吸波体。

1．基本原理

吸波体吸收率 $A(\omega)$ 由反射率 $R(\omega)$ 和透射率 $\tilde{T}(\omega)$ 决定，其表达式为

$$A(\omega)=1-R(\omega)-\tilde{T}(\omega) \tag{19.8}$$

因此，欲实现电磁波的完美吸收，就要使 $R(\omega)=\tilde{T}(\omega)=0$；如图 19.4 所示，假设入射波由左侧入射，右侧透射，而 $R(\omega)$ 与 $T(\omega)$ 可分别表示为

$$R(\omega)=\left|S_{11}\right|^2，\ \tilde{T}(\omega)=\left|S_{21}\right|^2 \tag{19.9}$$

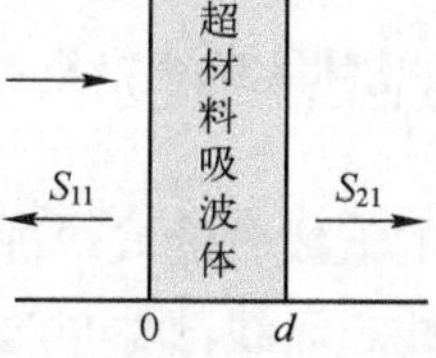

图 19.4　超材料吸波体的反射和透射模型

这里令 S_{21} 为透射系数，表达式为

$$S_{21}^{-1}=\left[\sin(nkd)-\frac{i}{2}\left(z+\frac{1}{z}\right)\cos(nkd)\right]\exp(ikt) \tag{19.10}$$

式中：d 为超材料的厚度；n 为复折射率，即 $n=n_1+\mathrm{i}n_2$；z 表示复阻抗，即 $z=z_1+\mathrm{i}z_2$；令 $\boldsymbol{k}$ 为波矢，其模为 $k=\omega/c$；另外，复折射率 n 和复阻抗 z 分别表为

$$n(\omega)=\sqrt{\varepsilon(\omega)\mu(\omega)} \tag{19.11a}$$

$$z(\omega)=\sqrt{\frac{\mu(\omega)}{\varepsilon(\omega)}} \tag{19.11b}$$

当超材料吸波体的阻抗 $z(\omega)$ 与自由空间匹配时，则有 $z(\omega)=1$，因此这时

$$R(\omega)=|S_{11}|^2=\left[\frac{z(\omega)-1}{z(\omega)+1}\right]^2=0 \tag{19.12a}$$

将式（19.10）代入式（19.9）后，得 $\tilde{T}(\omega)=|S_{21}|^2$，并注意 $n_2\to\infty$，则得

$$\tilde{T}(\omega)=0 \tag{19.12b}$$

因此实现超材料吸波体的完美吸收电磁波时，则有

$$\tilde{T}(\omega)=0, R(\omega)=0, A(\omega)=1 \tag{19.13}$$

超材料吸波体的基本原理包括阻抗匹配和损耗衰减两个方面：①在阻抗方面，通过调整谐振器的结构与尺寸控制电磁谐振的频率和强度，使其在某个频率下 ε 和 μ 的实部、虚部分别相等，此时超材料吸波体的阻抗与自由空间相匹配，即 $z(\omega)=1$，使得入射到超材料吸波体的反射率 $R(\omega)$ 为零，也就是说电磁波全部进入到超材料中；②在损耗衰减方面，在阻抗匹配频率下，超材料吸波体 ε 和 μ 的虚部应具有较高数值，即具有较大损耗，此时超材料吸波体具有较大的折射率虚部 n_2，能够将入射电磁波转化为热损耗。

2．厘米波吸波体和太赫兹吸波体

超材料吸波体的工作频率随着谐振器特征尺寸的减少而提高，因此通过将谐振器的特征尺寸由毫米级缩小至微米级，可将超材料吸波体的工作频率由厘米波提高到太赫兹。文献[109]和文献[110]分别详细讲述了厘米波吸波体和太赫兹吸波体，供感兴趣者参考。

19.3.2 基于超材料的电磁窗隐身技术

电磁窗隐身主要是针对飞行器的天线舱透波罩进行的。天线舱的散射主要是由于电磁波通过电磁窗进入，使得舱内天线、天线部件与舱内壁之间形成多次散射引起腔体效应和舱体表面的电磁散射。事实上，针对天线的隐身措施会导致天线性能的下降，因此天线舱的隐身措施多针对电磁窗展开。因为频率选择表面（frequency selective surface, FSS）的带通特性可以同时实现天线工作波段的透波以及天线工作波段之外的屏蔽效果，因此 FSS 技术便成为电磁窗隐身的最佳技术途径。

1．基本原理

频率选择表面是针对不同频率、不同极化以及不同入射角度的电磁波表现出不同的滤波响应。最初频率选择表面单元类型主要分为周期性贴片和周期性孔径两种类型，所对应的电磁滤波特征分为阻带特征和通带特征。随着频率选择表面应用领域的扩展，又陆续发展了具有“带通”和“带阻”特性的结构。于是从滤波的角度上看，FSS 主

要包括低通、高通、带通和带阻四种类型。图 19.5 给出了 4 种滤波曲线以及对应的基础单元结构。

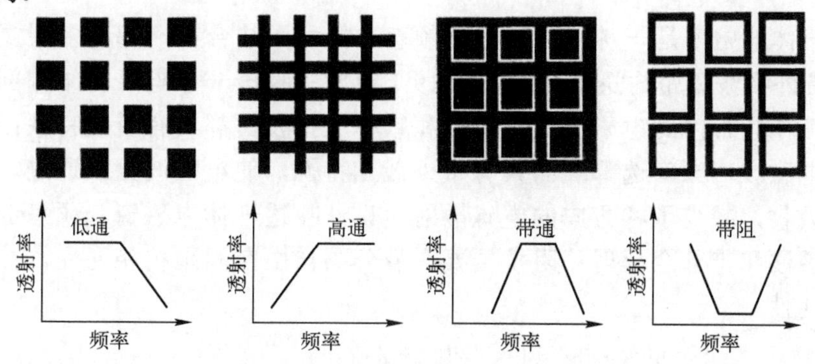

图 19.5　FSS 4 种滤波曲线以及对应的基础单元结构

带通型 FSS 阵列的滤波机理是当电磁波入射到 FSS 时，将激励起电子的大范围移动，其范围与入射频率相关。当入射电磁波频率达到某一个特定值时，孔径两侧的电子刚好在入射波电场的带动下来回漂移，在孔径周围形成较大的感生电流，由于电子吸收了大量入射波的能量，同时也往外辐射能量，运动电子透过孔径向透射方向辐射电场，此时频率选择表面单元阵列的反射系数较低，透射系数较高。在偏离该特定值时，电子的运动范围减小，在孔径周围的感应电流也减小，电子透过孔径缝隙辐射出去的电磁波减小，频率选择表面阵列的透射系数就会降低，如图 19.6 所示。

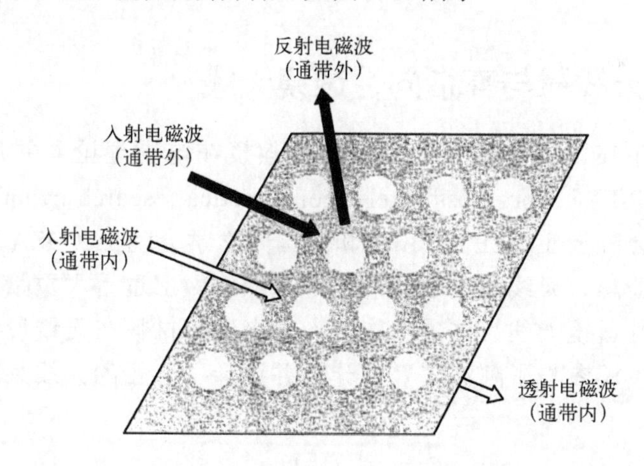

图 19.6　频率选择表面的滤波示意图

2．单波段带通电磁窗和双波段带通电磁窗

根据电磁窗对带外截止特性的需求，合理设计频率选择表面可以实现单波段透波功能；另外，通过合理设计频率选择表面也可使其具备两个透波的谐振频段，即为双波段带通电磁窗。

19.3.3 吸透一体电磁窗

吸透一体电磁窗是一种将阻抗层和频率选择表面结合在一起的多层复合周期结构，具有带外吸波和带内透波特性。图 19.7 给出了吸透一体电磁窗结构剖面的示意图。对于工作频带内的电磁波，阻抗层和频率选择表面都具有透波特性；对于工作频带外的电磁波，频率选择表面具有带外截止特性，使电磁波无法通过。由于带外电磁波被吸收，减少了各方向的电磁散射。设计吸透一体电磁窗，频率选择表面应满足带内透波和带外全反射；阻抗层要在带外与自由空间阻抗相匹配，并且在带内具有低损耗性。

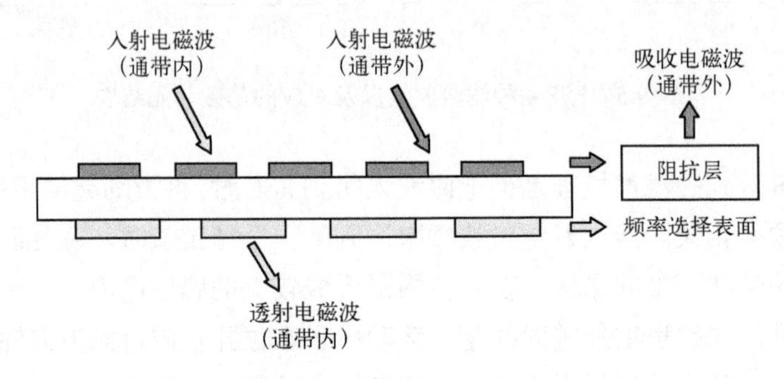

图 19.7 吸透一体电磁窗结构剖面示意图

文献[111-112]给出了超材料更多的超常物理特性与工程应用，可供感兴趣者进一步阅读与参考。

19.3.4 共形天线罩与高指向性透镜天线

这里概述一下美国麻省理工学院孔金瓯教授在电磁理论与共形天线方面的工作。孔教授曾是 PIERS（progress in electromagnetics research symposim）主席、电气电子工程师协会院士（IEEE fellow）和美国光学学会院士（OSA fellow）。他在电磁波理论、微波遥感、天线和电磁波散射等领域中做出过重大贡献。他提出了共形天线罩和高指向性透镜天线，这项工作是人工电磁超材料在天线设计方面的重要应用。另外，孔教授还参与了阿波罗登月计划并设计了飞船的天线系统，解决了双子星电视干扰问题。

本 篇 习 题

1. 亚波长电磁学主要研究些什么内容？为什么说亚波长电磁学在量子力学与传统的电磁学之间将微观与宏观搭建了连接的桥梁？

2. Maxwell 方程组的时谐场如何表达？在无源空间，亚波长电磁学的物理基础方程如何表达？

3. 无源 Maxwell 方程组的两个电磁感应方程是什么？它的平面波解可以简化为什么形式？

4. 令$\boldsymbol{E}$与$\boldsymbol{B}$分别表示电场强度与磁感应强度；$\boldsymbol{D}$与$\boldsymbol{H}$分别表示电感应强度与磁场强度；令$\boldsymbol{S}$表示时间平均的能流密度（即 Poynting 矢量的实部），即

$$\boldsymbol{S}=\frac{1}{2}\mathrm{Re}(\boldsymbol{E}\times\boldsymbol{H})$$

如果令$\boldsymbol{K}$代表波矢：并且令ε与μ分别表示介电常数与磁导率时，当ε和μ均为正值时，$\boldsymbol{E}$、$\boldsymbol{H}$和$\boldsymbol{K}$满足什么定则？当ε和μ均为负值时，$\boldsymbol{E}$、$\boldsymbol{H}$和$\boldsymbol{K}$满足什么定则？对于满足左手定则的材料来讲，这时的电场强度$\boldsymbol{E}$以及磁场强度$\boldsymbol{H}$与$\boldsymbol{S}$间满足什么定则？

5. 负折射材料的主要特征有哪些？

6. 试给出二维材料石墨烯的介电常数张量$\boldsymbol{\varepsilon}$表达式？

7. 简单描述一下隐身衣设计的变换光学（transformation optics, TO）设计方法？

8. 简单描述一下在隐身衣设计中 Pendry 提出的准保角变换方法？

9. 以飞机为例，它的散射源主要处于哪些部位？电磁散射源的 RCS（雷达散射截面）分布如何？

10. 试举一个飞行器超材料隐身的例子，并说明一下基本原理。

11. 为什么说基于超材料（metamaterial）的电磁窗隐身技术十分重要？简单说明一下这种隐身技术的基本原理？

12. 极紫外光（extreme ultra violet，EUV）光刻机有 10 万个零件，重 200t，是目前世界上最复杂最精密的装置。它是采用 13.5nm 极紫外光源为工作波长的投影光刻技术。而把激光光源的波长由 193nm 变为 13.5nm 的研究是由四家公司即荷兰 ASML、台积电、Intel 和三星经过 35 年的合作之后才实现的。参与光刻机的供应商有 5000 多家，它们来自 30 多个国家。而我们国家光刻机的研究由深紫外光 DUV（deep ultra violet）光刻机开始，逐步实现了 90nm、65nm、55nm 和 22nm 的量产，这里 22nm 是个分水岭。我国通过多重曝光技术等实现了 7nm 的量产，但这样做花费了较高的制造成本，牺牲了“良率”，但加快了追赶速度，解决了从无到有的问题。你认为四家公司合作 35 年才实现由 193nm 变为 13.5nm，值得吗？为什么？仔细分析参与光刻机的 5000 多家供应商中，镜头是德国 Zeiss 的，光源是德国 Trumpf 的，光刻系统是荷兰 ASML 的，……，这种强强联合攻关的做法你认为有益吗？为什么？

13. 由 Rayleigh criterion（瑞利判据）可推出

$$\text{分辨率（resolution）}=k_1\frac{\lambda}{\mathrm{NA}} \tag{19.14}$$

式中：k_1为一个常数，又称工艺因子；λ为光源的波长；NA 为投影透镜的数值孔径（numericalaperture，NA，参见表 19.1），NA 值越大，则收集的衍射束就越多，成像的分辨率就越高。

另外，由玻恩的光学原理，在理论上，k_1值不可能小于 0.25，通常k_1介于 0.25 和 0.30 之间。谈一下你对k_1因子的认识？

14. IC（integrated circuit，在业内叫“集成电路”，在商界叫“芯片”）生产的全过程分为设计（design）、制造（manufacturing）和封装（packing and testing）这三大环节。集成电路的整个设计过程是在电子设计自动化（electronic design automation，EDA）软件平台上进行的，用硬件描述语言 VHDL 完成设计文件，然后由计算机自动地完成逻辑编辑编译、化简、分割、综合、优化、布局、布线和仿真，直至对于特定目标芯片的适配编译、逻辑映射以及编程下载等工作。因此 EDA 工具极方便，减轻了设计者的劳动强度且提高了电路设计的效率与可操作性。另外，我国也开发了自己的 EDA 工具。对于 EDA 工具本身，因有许多相关的书，例如张汝京. 纳米集成电路制造工艺[M]. 北京：清华大学出版社，2014. 以及韩雁. “集成电路设计制造中的 EDA 工具实用教程”. 杭州：浙江大学出版社，2007. 等，这里不作介绍。谈一下你对 EDA 工具软件的认识？

15. 光刻是集成电路制造的核心技术，超过芯片制造成本的 1/3 都花费在光刻工艺上。随着光刻技术的发展，使得硅片上的图形越来越小，版图（layout）密度不断提高。如果把光刻技术简单地分解为涂胶、曝光和显影的话，试比较一下 90nm 技术节点以及 20nm 以下技术节点时，随着技术节点的进一步变小，光学邻近效应修正（OPC）和刻蚀效应修正（EPC）会变得越来越复杂？（提示：参考表 19.1 的分辨率与数值孔径数据和图 19.8 中工艺因子k_1的数据，去分析技术节点与k_1间的关联）

表 19.1　光刻机波长减小和数值孔径增大的历史数据

年份	分辨率/nm（hp）	波长/nm	数值孔径/NA
1986	1200	436	0.39
1988	800	436/365	0.44
1991	500	365	0.50
1994	350	365/248	0.56
1997	250	248	0.62
1999	180	248	0.67
2001	130	248	0.70
2003	90	248/193	0.75/0.85
2005	65	193	0.93
2007	45	193	1.20
2009	38	193	1.35
2010	27	13.5	0.25
2012	22	13.5	0.33
2013	16	13.5	0.33

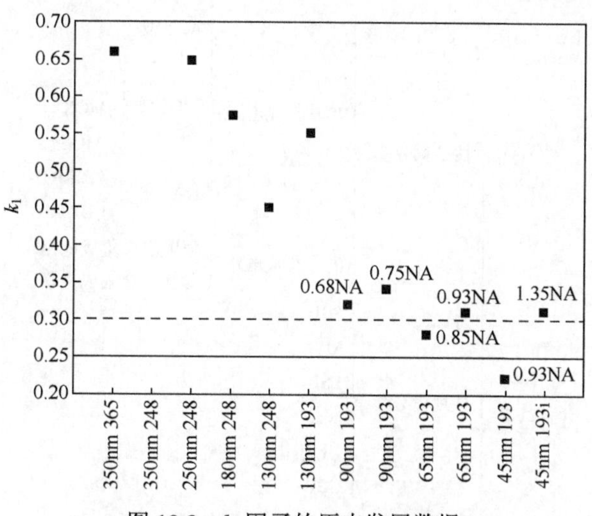

图19.8 k_1因子的历史发展数据

16. 纳机电系统（nano-electromechanical systems，NEMS）是21世纪初提出的一个新概念，它的特征尺寸在1～100nm并且以机电结合为主要特征。正是由于NEMS的特征尺寸达到了纳米量级，因此一些新的效应如尺度效应、表面效应等凸显，而且解释其机电耦合特性等则需要发展与应用微观物理与介观物理方面的知识。你能否举例说明NEMS器件和系统的机电耦合特性机理需要这方面理论的支撑呢？

17. 磁随机存储器（magnetic random access memory，MRAM）的优点是非挥发性与密度高，有相当高的填写速度以及无限的寿命，被认为是有可能替代半导体存储器的一种新型器件。而研究这类器件的核心方程是LLG（Landau-Lifshitz-Gilbert）方程，该方程是描述磁体动力学行为的基本方程，是描述磁体粒子随时间而改变其磁化矢量$\boldsymbol{M}$的变化规律，其表达式为

$$\frac{\mathrm{d}}{\mathrm{d}t}\boldsymbol{M}=-\left|\gamma_{\mathrm{LL}}\right|\boldsymbol{M}\times\boldsymbol{H}_{\mathrm{eff}}-\frac{\alpha\left|\gamma_{\mathrm{LL}}\right|}{M_{\mathrm{S}}}\boldsymbol{M}\times(\boldsymbol{M}\times\boldsymbol{H}_{\mathrm{eff}}) \tag{19.15}$$

式中：γ_{LL}为Landau-Lifshitz旋磁比；$\boldsymbol{H}_{\mathrm{eff}}$为有效磁场强度；$\alpha$为阻尼系数；$M_{\mathrm{S}}$为饱和磁化强度。

令γ为Gilbert旋磁比，它与γ_{LL}有如下关系：

$$\gamma=(1+\alpha^2)\gamma_{\mathrm{LL}} \tag{19.16}$$

式（19.15）是磁性纳米技术的基础性方程。通过学习相关的物理知识，你能否谈一下式（19.15）中各项的物理含义？

18. 随着信息光学产业（例光纤通信等）和微电子超大规模集成电路产业的兴起，电子学、光子学、微电子学、光电子学等学科获得了迅速发展。为了便于读者学习和查阅相关资料，这里仅给出集成电路和微电子技术发展的相关概述。图19.9给出了集成电路的分类，图19.10给出了集成电路所用材料的概况。

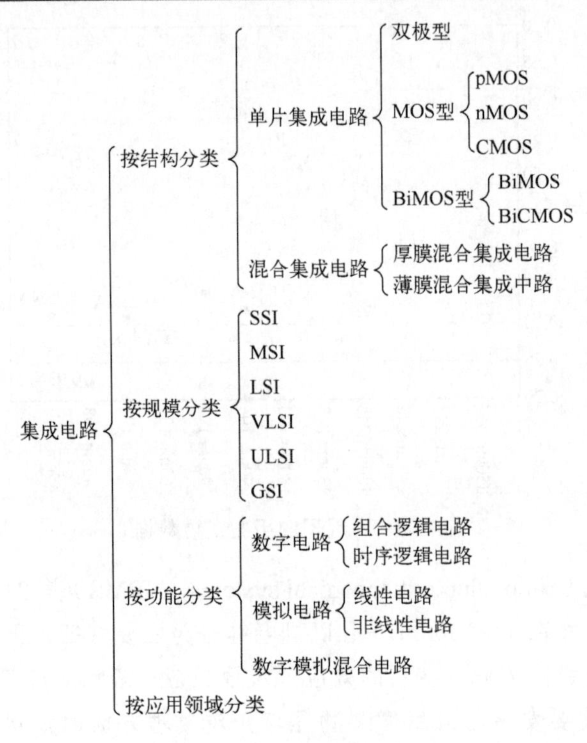

图 19.9 集成电路的分类

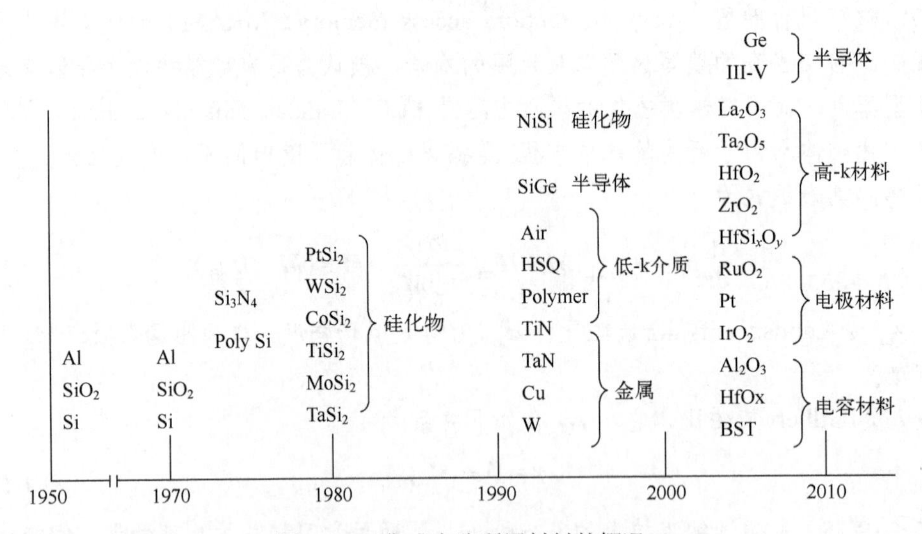

图 19.10 集成电路所用材料的概况

40 多年来，为了提高电子集成系统的性能，降低成本，器件的特征尺寸已经从 1978 年的 10μm 发展到现在的 32nm；集成度也从 1971 年的单片 1K 动态随机存储器（dynamic random access memory，DRAM）发展到现在的 4G DRAM；硅片的直径也逐渐由 2 英寸[①]、3 英寸、4 英寸、6 英寸、8 英寸过渡到 12 英寸。图 19.11 给出了集成电路技术的标志性

① 1 英寸=2.54cm。

产品 DRAM 及其特征尺寸的发展历程和趋势，表 19.2 给出了 2007 年至 2022 年间微电子技术发展的现状与变化。

表 19.2　微电子技术在 2007—2022 年间的发展历程

生产时间/年	2007	2008	2009	2010	2011	2012	2013	2014	2015	2016	2017	2018	2019	2020	2021	2022
DRAM 半节距/nm	65	57	50	45	40	36	32	28	25	22	20	18	16	14	12	10
MPU 半节距/nm	68	59	52	45	40	36	32	28	25	22	20	18	16	14	13	11
MPU 栅长/nm	42	37	34	30	27	24	22	18	17	15	13	12	10.5	9.4	8.4	7.5
MPU 沟长/nm	25	22	20	18	16	14	13	11	10	9	8	7	6.3	5.6	5.0	4.5

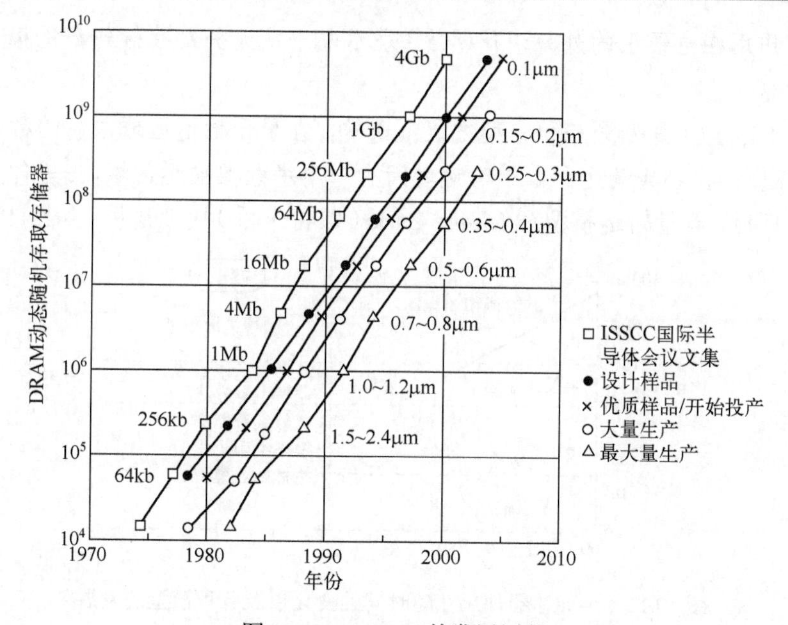

图 19.11　DRAM 的发展历程

近 30 年来，以微电子技术作为支撑的微电子产业的平均发展速度保持在 15%以上，其中 1994 年的增长率为 25%，销售额达 1097 亿美元，并首次突破 1000 亿美元大关。现在，微电子产业的全球销售额已经高达 2000 亿美元，已经成为整个信息产业的基础。对于微电子技术的近期发展态势，以下仅用四点概述：①21 世纪初仍将会会以硅基互补金属氧化物半导体（complementary metal oxide semiconductor，CMOS）电路为主流；②由集成电路（IC）发展为集成系统（IS）是 21 世纪初微电子技术发展的重点；③微电子与其他工程学科（例如电子技术、机械技术、光学、物理学、化学、生物医学、材料学、能源科学等）相结合产生的技术增长点（例如与机械制造相结合产生 MEMS 技术；与生物技术相结合产生 DNA 生物芯片等）；④注意发展绝缘衬底上的硅（silicon-on-insulator，SOI）技术、GeSi 与 GaN 等新型器件技术以及磁阻式随机存储器（magneto-resistive random access memory，MRAM）等技术。在学习与查阅上述相关材料的基础上，试分析一下电子学、光子学、微电子学以及光电子学的研究范畴有何区别？如何体会现代高科技大都属于多学科的交叉与融合？

19. 在气体动理学和输运理论中，我们曾在文献[30]中，利用 Boltzmann 方程和广义 Boltzmann 方程成功求解了 18 种国际公开发表的有几何结构数据的航天器飞往外太空时气动力与气动热计算问题，其中包括飞往火星大气层、土卫六大气层以及返回地球大气层的数值求解。事实上，Boltzmann 方程，还可以用于半导体器件尺寸在 1μm 至 0.1μm 之间量子输运模型。令电子的分布函数为 f 它是波矢 $\boldsymbol{k}$ 、位置和时间的函数即 $f(\boldsymbol{k},\boldsymbol{r},t)$，Boltzmann 方程为

$$\frac{\partial}{\partial t}f+\boldsymbol{v}\cdot\nabla_{r}f+\frac{\boldsymbol{F}}{\hbar}\cdot\nabla_{k}f=\int\{W(\boldsymbol{k}',\boldsymbol{k})f(\boldsymbol{k}')-W(\boldsymbol{k},\boldsymbol{k}')f(\boldsymbol{k})\}\mathrm{d}\boldsymbol{k}' \tag{19.17}$$

$$\hbar=h/(2\pi) \tag{19.18}$$

式中：$\boldsymbol{F}$ 为作用在电子上的外力；$W(\boldsymbol{k},\boldsymbol{k}')$ 表示电子从波矢 $\boldsymbol{k}$ 散射到 $\boldsymbol{k}'$ 的概率；$\hbar$ 为约化 Planck 常量。

这里式（19.17）是微分一积分型方程。通常，在量子输运区域中它的数值求解会面临较大的挑战。但在经典输运和量子输运之间有一个半经典输运区域，当器件尺寸在 1μm 至 0.1μm 之间时，能量输运模型和 Monte Carlo（蒙特卡罗）模拟适用（如图 19.12 所示）。

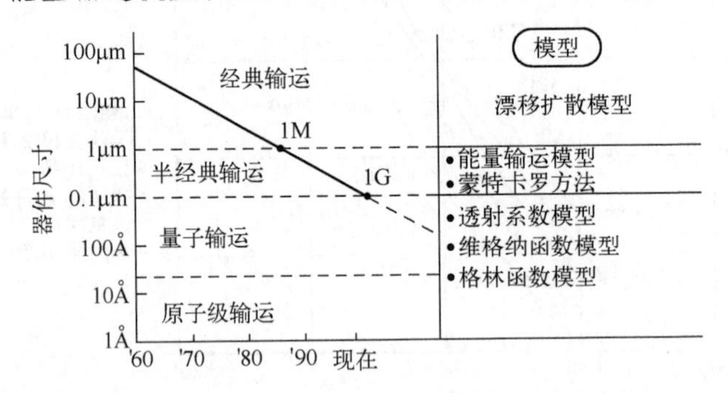

图 19.12　半导体器件尺寸随时间的变化以及各种模型的发展

你能否用 Monte Carlo 方法求解式（19.17）吗？请给出求解的大致步骤。

20. 通过查阅相关公开发表的英文文献，能否概述一下 J. A. Kong（孔金瓯）教授在共形天线罩和微波遥感方面两大方面所做出的重大贡献吗？

后 记

本书围绕功能材料这个新领域，结合“安全”“人”“机”三大模块的应用问题进行了深入探讨，拓宽了对安全人机工程问题的认知范畴。即将结束本书讨论，简要介绍四位作者，他们都是从业多年的著名教授或学者。本书的第一作者王保国教授、博士生导师，先后在科学出版社、国防工业出版社、机械工业出版社、中国石化出版社、清华大学出版社、北京航空航天大学出版社、北京理工大学出版社七家国内著名出版机构出版了 21 本著作，其中 9 本为著（第一作者 8 本），为学术专著；12 本为编著（第一作者 11 本），属于国家级规划教材。王教授曾在中国科学院力学研究所和中国科学院工程热物理研究所学习、工作了 16 年，并两次与导师吴仲华院士一起荣获中国科学院重大科技成果奖。其在中国科学院力学所工作期间，1993 年荣获国家劳动人事部“首届全国优秀博士后奖”。此外，王教授曾在清华大学和北京理工大学分别执教 10 余年，1998 年荣获英国“杰出成就奖”，2000 年荣获美国 Barons Who's Who 颁发的 New Century Global 500 Award，2007 年荣获“北京市教学名师”荣誉称号，两次荣获“清华大学教学优秀奖”；曾先后担任北京理工大学三个二级学科的首席教授和学科带头人，荣获“北京理工大学师德十大标兵”称号。2013 年起，王教授全职担任中国航空工业集团公司气体动力学高级顾问，并直接参与和指导中国航空研究院的研究工作。2016 年荣获《航空动力学报》创刊 30 周年颁发的学报编委会“突出贡献奖”（排名第一）；2019 年中国人类工效学学会成立 30 周年，荣获学会颁发的“终身成就奖”（全国两名之一）。

本书第二作者徐建中教授、博士生导师，2014 年荣获河北省省管优秀专家，2006 年荣获“河北省教学名师”荣誉称号。他曾先后两次荣获河北省教学成果奖（2004 年一等奖；2008 年二等奖）；2007 年荣获河北省科技进步一等奖；在国内外重要学术刊物上发表学术论文 200 余篇，其中被 SCI、EI 收录 120 余篇，这里参考文献[113-176]仅列出发表的部分中文文献，供感兴趣者参考；因篇幅所限，英文文献没有列出。徐教授曾任河北大学化学与环境科学学院院长多年，他是河北大学坤毓学者，主要从事阻燃剂及其阻燃高分子材料的研究与发展，他担任“高分子材料与加工技术”国家联合工程实验室主任、河北省阻燃材料技术创新中心主任、中国阻燃学会常务理事和《无机盐工业》与《热固性树脂》等期刊编委，是河北省应用化学重点学科的学科带头人、首席教授。

本书第三作者王伟，国外 10 余年的学习工作经历积累了扎实的理论基础与丰富的实务经验。自 2012 年始，其一直担任中国人类工效学学会人机工程专业委员会委员，2018 年起担任中国人类工效学学会理事，2015 年在清华大学出版社出版《人机系统方法学》，被中国人类工效学学会授予“优秀专著奖”。

本书第四作者霍然教授、博士生导师，曾任中国科学技术大学火灾科学国家重点实验室主任和全国消防标准化技术委员会委员；主要从事燃烧学、火灾动力学、建筑火灾的预防控制以及安全人机工程等。霍教授曾与英国帝国伦敦理工学院、美国密歇根州立大学以及香港理工大学等有过长期合作与研究经历，并承担了国家“973”项目多项课题；曾荣获国家科技进步奖一项（2007 年）、安徽省科技进步奖二项（2003 年与 1997 年）、公安部科技进步奖一项（1998 年）；他 2007 年出版的《火灾爆炸预防控制工程学》以及与王保国教授共同编著的《安全人机工程学》，成为全国安全专业 60 多所高校的专业基础课程教材，一直深受高校师生厚爱。

参考文献

[1] 钱学森. 创建系统学[M]. 太原：山西科学技术出版社, 2001.

[2] 陈信, 龙升照. 人-机-环境系统工程学概论[J]. 自然杂志, 1985, 8(1): 23-25.

[3] 库尔曼. 安全科学导论[M]. 赵云胜, 等译. 武汉：中国地质大学出版社, 1991.

[4] 王保国, 王伟, 徐燕骥. 人机系统方法学[M]. 北京：清华大学出版社, 2015.

[5] 龙升照, 黄端生, 陈道木, 等. 人-机-环境系统工程理论及应用基础[M]. 北京：科学出版社, 2004.

[6] 王保国, 王新泉, 刘淑艳, 等. 安全人机工程学[M]. 北京：机械工业出版社, 2007.

[7] 王保国, 王新泉, 刘淑艳, 等. 安全人机工程学[M]. 2 版. 北京：机械工业出版社, 2016.

[8] 王保国, 王伟, 王新泉, 等. 安全人机工程学：人机模型及智能化[M]. 北京：国防工业出版社, 2024.

[9] HUNTOON C S L, ANTIPOV V V, GRIGORIEV A I. Space Biology and Medicine[M]. Vol. Ⅲ. Human in Spaceflight. USA: AIAA, 1996.

[10] 王保国, 王伟, 黄勇. 人机系统智能优化方法：性能预测与决策分析[M]. 北京：国防工业出版社, 2023.

[11] 李伯虎, 吴澄. 现代集成制造的发展与 863/CIMS 主题的实施策略[J]. 计算机集成制造系统——CIMS, 1998, 4(5)：7-15.

[12] 陈禹六. 先进制造业运行模式[M]. 北京：清华大学出版社, 1998.

[13] 徐福缘. IDEF 模型设计及其方法论初探[J]. 系统工程理论与实践, 1989, 9(4)：10-15.

[14] 彭桓武, 徐锡申. 理论物理基础[M]. 北京：北京大学出版社, 1998.

[15] 黄昆, 韩汝琦. 固体物理学[M]. 北京：高等教育出版社, 1988.

[16] 冯端. 金属物理学[M]. 北京：科学出版社, 1999.

[17] 黄昆, 韩汝琦. 半导体物理基础[M]. 北京：科学出版社, 2015.

[18] A. CHELKOWSKI. Dielectric Physics[M]. New York: Elsevier Scientific Publishing, 1980.

[19] 何曼君. 高分子物理[M]. 上海：复旦大学出版社, 2008.

[20] HUEBENER R P. Conductors, Semiconductors, Superconductors: An Introduction to Solid-State Physics[M]. Third Edition. Cham: Springer Nature Switzerland AG , 2019.

[21] 谢希德, 陆栋. 固体能带理论[M]. 上海：复旦大学出版社, 1998.

[22] 张裕恒. 超导物理[M]. 合肥：中国科学技术大学出版社, 2019.

[23] 田宗淑, 卞学鐄. 多变量变分原理与多变量有限元方法[M]. 北京：科学出版社, 2011.

[24] 方俊鑫, 殷之文. 电介质物理学[M]. 北京：科学出版社, 1989.

[25] 特贝尔·克雷克. 磁性材料[M]. 北京冶金研究所, 译. 北京：科学出版社, 1979.

[26] 施密特. 材料电磁性[M]. 中科院物理所磁学室, 译. 北京：科学出版社, 1978.

[27] 李荫远, 李国栋. 铁氧体物理学[M]. 北京：科学出版社, 1978.

[28] BORN, WOLF. 光学原理[M]. 7 版，杨葭荪, 等译. 北京：电子工业出版社，2005.

[29] 钟锡华. 现代光学基础[M]. 2 版. 北京：北京大学出版社, 2012.

[30] 王保国, 黄伟光. 高超声速飞行中的辐射输运和磁流体力学[M]. 北京：科学出版社, 2018.

[31] 王保国, 黄伟光. 高超声速气动热力学[M]. 北京：科学出版社, 2014.

[32] 朱京平. 光电子技术基础[M]. 北京：科学出版社, 2003.

[33] 朱美芳, 熊绍珍. 太阳能电池基础与应用[M]. 北京：科学出版社, 2014.

[34] GOLDSMID H J. Introduction to Thermoelectricity[M]. Second Edition. Berlin: Springer Press, 2016.

[35] CTIRED UBER. Materials Aspect to Thermoelectricity[M]. New York: CRC Press, 2016.

[36] KOUMOTO K, MORI T. Thermoelectric Nanomaterials: Materials Design and Applications[M]. Berlin: Springer Perss, 2013.

[37] 徐开先, 叶济民. 热敏电阻器[M]. 北京：机械工业出版社, 1981.

[38] 周志敏, 纪爱华. 热敏电阻及其应用电路[M]. 北京：中国电力出版社, 2013.

[39] REN Z F, LAN Y C, ZHANG Q Y. Advanced Thermoelectrics: Materials, Contacts, Devices and Systems[M]. New York: CRC Press, 2019.

[40] MACIA E. Thermoelectric Materials: Advances and Applications[M]. New York: CRC Press, 2015.

[41] COEY J M D. Magnetism and Magnetic Materials[M]. Cambridge: Cambridge University Press, 2010.

[42] SPALDIN N A. Magnetic Materials: Fundamentals and Applications[M]. Cambridge: Cambridge University Press, 2010.

[43] HULL T R, KONDOLA B K. Fire Retardancy of Polymer, New Strategies and Mechanisms [M]. Cambridge: Royal Society Chemistry, 2009.

[44] TROITZSCH J. Plastics Flammability Handbook [M]. 3rd Edition. Munich: Hanser Publishers, 2004.

[45] 欧育湘教授文集编委会. 含能材料暨阻燃材料研究五十年：欧育湘教授八十华诞文集[M]. 北京：科学出版社, 2015.

[46] 霍然. 工程燃烧概论[M]. 合肥：中国科学技术大学出版社, 2001.

[47] 胡源, 宋磊, 龙飞, 等. 火灾化学导论[M]. 北京：化学工业出版社, 2007.

[48] 霍然, 胡源, 李元洲. 建筑火灾安全工程导论[M]. 2 版. 合肥：中国科技大学出版社, 2009.

[49] WEIL E D, LEVCHIK S V. Flame Retardants for Plastics and Textiles [M]. Munich: Hanser Publishers, 2009.

[50] WILKIE C A, MORGAN A B. Fire Retardancy of Polymeric Materials [M] 2nd Edition. Boca Raton: CRC Press, 2009.

[51] MORGAN A B, WILKIE C A. Flame Retardant Polymer Nanocomposites [M] New York: John Wiley and Sons, Inc. , 2007.

[52] 徐建中, 孙建红, 马海云. 阻燃材料国际发展态势分析及建议[J]. 中国阻燃, 2015, 27(5)：11-27.

[53] 孙建红, 岳双双, 徐建中. 国内外无机阻燃剂的研究与应用进展[J]. 无机盐工业, 2019, 51(2)：1-7.

[54] 孙建红, 徐建中, 陈灵智, 等. 稀土氧化物溶胶对羊毛纤维的阻燃改性及其热降解[J]. 河北大学学报（自然科学版）, 2008(02)：173-177.

[55] 郑艳菊, 吕树芳, 徐建中, 等. 钛、锆化合物对羊毛纤维性能的影响[J]. 河北大学学报（自然科学版）, 2009, 29(4): 390-393.

[56] 文泽伟，刘福亚，徐建中，等. 机械力改性芦苇纤维及其对聚乳酸复合材料的阻燃性能研究[J]. 中国塑料, 2021, 35(11)：38-43.

[57] 张凯伦，陈伊阳，徐建中，等. 石墨烯负载离子液体的制备及其与六苯氧基环三磷腈协效阻燃环氧树脂的性能研究[J]. 中国科学：化学, 2021, 51(9)：1283-1292.

[58] KELLER U. Recent developments in compact ultrafast lasers [J]. Nature, 2003, 424(6950): 831-838.

[59] ERDOGAN T. Fiber grating spctra [J]. IEEE Journal of Lightwave Technology, 1997, 15: 1277-1294.

[60] DAKSS M L, KUHN L, HEIDRICH P F, et al. Grating coupler for efficient excitation of optical guided waves in thin films[J]. Applied Physics Letters, 2003, 16(12): 523-525.

[61] HILL K O, FUJII Y, JOHNSON D C, et al. Photosensitivity in optical fiber waveguide: application to reflection filter fabrication. Appl. Phys. Lett. 1978, 32(10): 647-649.

[62] HILL K O. Bragg gratins fabricated in monomode photosensitive optical fiber by UV expose through a phase mask[J]. Appl. Phys. Lett., 1993, 62(10): 1035-1037.

[63] HUNSPERGER R G. Integrated Optics: Theory and Technology[M]. Sixth Edition. Berlin: Springer, 2009.

[64] RAO Y J, RIBEIRO A B L, JACKSON D A, et al. Combined spatial-and time-division multiplexing scheme for fibre grating sensors with drift-compensated phase-sensitive detection[J]. Opt. Lett. 1995, 20: 2149-2151

[65] IADICICCO A, CUSANO A, CUTOLO A, et al. Thinned fiber Bragg gratings as high sensitivity refractive index sensor[J]. IEEE Photonics Letters, 2004, 16(4): 1149-1151.

[66] SPIRIN V V, SHLYAGIN M G, MIERIDONOV S V, et al. Temperature-insensitive strain measurement using differential double Bragg grating technique[J]. Optics and Laser Technol. 2001, 33: 43-46.

[67] NELLEN ph M, MAURONP, FRANK A, et al. Reliability of fiber Bragg grating based sensors for downhole applications[J]. Sensors and Actuators A., 2003, 103: 364-376.

[68] VOLANTHENM, GEIGERH, COLE M J, et al. Measurement of arbitrary strain profiles within fibre gratings[J]. Electron. Lett., 1996, 32(11): 1028-1029.

[69] DUCKG, OHN M M. Distributed Bragg grating sensing with a direct group-delay measurement technique[J]. Opt. Lett. 2000, 25(2): 90-92.

[70] BORN M, WOLF E. Principles of Optics: Electromagnetic Theory of Propagation, Interference and Diffraction of Light[M]. Cambridge: Cambridge University Press, 2002.

[71] SNYDER A W, LOVE J D. Optical Waveguide Theory[M]. London: Chapman and Hall, 1983.

[72] JEUNHOMME LUC B. Single-Mode Fiber Optics: Principles and Applications[M]. Marcel Dekker, 1983.

[73] KOGELNIKH, SHANK C W. Coupled wave theory of distributed feedback lasers[J]. Journal of Applied Physics. 1972, 43: 2327-2335.

[74] YARIV A. Coupled-mode theory for guided-wave optics[J]. IEEE Journal of Quantum Electronics. 1973, QE-9: 919-933.

[75] ERDOGAN T. Fiber grating spectra[J]. IEEE Journal of Lightwave Technology. 1997, 15: 1277-1294.

[76] KOGELNIK H. Theory of optical waveguides//Guided-Wave Opto-Electronics. New York: Springer-Verlag, 1990.

[77] WELLER-BROPHY L A, HALL D G. Analysis of waveguide gratings: Application of Rouard' smethod[J]. Journal of the Optical Society of America, 1985, 2: 864-871.

[78] LAM D K, GARSIDE B K. Characterization of single-mode optical fiber filters[J]. Applied Optics. 1981, 20: 440-450.

[79] TANABE S, ARENS E A, BAUMAN F S, et al. Evaluating thermal environments by using athermal manikin with controlled skin surfacen temperature[J]. ASHRAE Transaction, 1994, 100(2): 39-48.

[80] 刘淑艳, 王保国, 林欢, 等. 非均匀热环境下人体热舒适的计算与边界条件[J]. 北京理工大学学报, 2010, (1): 14-18.

[81] 靳艳梅, 王保国, 刘淑艳. 车室内人体热舒适性的计算模型[J]. 人类工效学, 2005, 11(2): 16-19.

[82] 林欢, 刘淑艳, 王保国. 非均匀热环境下热舒适评价的两种方法及其关键技术[J]. 中国安全科学学报, 2007, 17(8): 47-52.

[83] 库尼 D O. 生物医学工程学原理[M]. 陈厚珩, 译. 北京：科学出版社, 1982.

[84] 王保国, 刘淑艳, 王新泉, 等. 流体力学[M]. 北京：机械工业出版社, 2002.

[85] 王保国, 刘淑艳, 王新泉, 等. 传热学[M]. 北京：机械工业出版社, 2007.

[86] 高歌, 闫文辉, 王保国, 等. 计算流体力学：典型算法与算例[M]. 北京：机械工业出版社, 2015.

[87] TUAN CO-DINH. Biomedical photonics Handbook [M]. New York: CRC Press, 2003.

[88] 俞耀庭，张兴栋. 生物医用材料[M]. 天津：天津大学出版社, 2000.

[89] 张阳德. 高性能磁性纳米粒 DNA 阿霉素治疗肝癌[J]. 中国现代医学. 2001, 11(3): 1.

[90] 励建安, 毕生，黄晓琳. 物理医学与康复医学理论与实践[M]. 北京：人民卫生出版社, 2013.

[91] 丁斐, 刘伟, 顾晓松. 再生医学[M]. 北京：人民卫生出版社, 2012.

[92] VESELAGO V G. Electrodynamics of substances with simultaneously negative values of ε and μ [J]. Soviet Physics Uspekhi, 1968, 10(4): 509-514.

[93] MUNK B A. Matamaterials Critique and Alternatives[M]. New York: John Weley& Sons, 2004.

[94] SOLYMAR L, SHAMONINA E. Waves in Matamaterials[M]. Oxford: Oxford University Press, 2009.

[95] MEANY T, GRÄFE M, HEILMANN R, et al. Laser written circuits for quantum photonics[J]. Laser Photon Review, 2015, 9(4): 363-384.

[96] 刘泰康, 赵亚丽. 光子晶体技术及应用[M]. 北京：国防工业出版社, 2015.

[97] JACKSON J D. Classcal Electerodynamics[M]. 3rd ed. Hoboken: Wiley, 1999.

[98] LEONHARDT U. Optical conformal mapping[J]. Science, 2006, 312: 1777-1780.

[99] PENDRY J B, SCHURING D, SMITH D R. Controlling electromagnetic fields[J]. Science, 2006, 312: 1780-1782.

[100] SCHURIGD, MOCK J J, JUSTICE B J, et al. Metamaterial electromagnetic cloak at microwave frequencies[J]. Science, 2006, 314: 977-980.

[101] SWANDIC J R. Bandwidth limits and other considerations for monostatic RCS reduction by virtual shaping[M]. BethesdaMD: Naval Surface Warfare Center, Carderock Div, 2004.

[102] HASHEMI H, ZHANG B, JOANNOPOULOS J D, et al. Delay-bandwidth and delay-loss limitations for cloaking of large objects[J]. Phys Rev Lett, 2010, 104: 253903.

[103] MAXWELL-GARNETT J C. Colours in metal glasses, in metallic films, and in metallic solutions. II[J]. Philos Trans R Soc Lond, 1906, 205: 237-288.

[104] LI J, PENDRY J B. Hiding under the carpet: a new strategy for cloaking. Phys Rev Lett, 2008, 101: 203901.

[105] LIU R, JI C, MOCK J J, et al. Broadband ground-plane cloak. Science, 2009, 323: 366-369.

[106] NIX, WONG Z J, MREJEN M, et al. An ultrathin invisibility skin cloak for visible light[J]. Science, 2015, 349: 1310-1314.

[107] 张考, 马东立. 军用飞机生存力与隐身设计[M]. 北京：国防工业出版社, 2002.

[108] 屈绍波, 王甲富, 马华, 等. 超材料设计及其在隐身技术中的应用[M]. 北京：科学出版社, 2013.

[109] LANDY N I, SAJUYIGBE S, MOCK J J, et al. Perfect metamaterial absorber[J]. Physical Review Letters, 2008, 100(20): 207402.

[110] HU TAO, LANDY N I, BINGHAM C M, et al. A metamaterial absorber for the terahertz regime: design, fabrication and characterization[J]. Optics Express, 2008, 16(10): 7181-7188.

[111] NADER ENGHETA, RICHARD W ZIOLKOWSKI. Metamaterials: Physics and Engineering Explorations[M]. Wiley-IEEE Press, 2006.

[112] FILIPPO CAPOLINO. Theory and Phenomena of Metamaterials[M]. Taylor & Francis, 2009.

[113] 贺梦, 张冲, 徐建中, 等. 含硫功能聚磷腈微纳米球的合成及其在环氧树脂阻燃中的应用[J]. 复合材料学报, 2019, 36(3): 584-591.

[114] 申奇, 董阳, 徐建中, 等. UV 混杂固化生物基没食子酸环氧丙烯酸树脂制备及性能[J]. 高分子材料科学与工程, 2018, 34(5): 166-169.

[115] 许硕, 季琦, 徐建中, 等. 羟基锡酸锌-还原氧化石墨烯杂化材料与氢氧化镁对 PVC 的协效阻燃作用[J]. 中国塑料, 2018, 32(3): 110-115.

[116] 郭晓东, 刘雄瑞, 徐建中, 等. 负载铂聚磷腈微球对硅橡胶复合材料阻燃及陶瓷化性能的影响[J]. 高分子材料科学与工程, 2019, 35(7): 81-87.

[117] 赵师师, 贺梦, 徐建中, 等. 含磷/氮/硫环交联磷腈微纳米管的合成及对环氧树脂的阻燃作用[J]. 高等学校化学学报, 2017, 38(12): 2337-2343.

[118] 赵岩岩, 符金玉, 徐建中, 等. 云母基阻燃剂的制备及其在阻燃聚丙烯中的应用[J]. 中国塑料, 2017, 31(11): 108-113.

[119] 许硕, 武伟红, 徐建中, 等. 蒲绒活性炭负载 Fe_2O_3 的制备及其在软质聚氯乙烯中的阻燃应用[J]. 复合材料学报, 2018, 35(7): 1745-1753.

[120] 程路瑶, 武伟红, 徐建中, 等. 过渡金属植酸盐的制备及其在 PVC 中的阻燃应用[J]. 中国塑料, 2017, 31(10): 33-39.

[121] 张梦娇, 屈玉含, 徐建中, 等. 活化碳球的制备及其在聚磷酸铵阻燃环氧树脂中的应用[J]. 中国塑料, 2017, 31(9): 127-132.

[122] 冯刚, 赵静, 徐建中, 等. 机械力化学改性白云母增强聚丙烯复合材料[J]. 硅酸盐学报, 2017,

45(5): 737-742.

[123] 陈灵智, 焦运红, 徐建中. 铝酸钴对软聚氯乙烯阻燃热降解性影响[J]. 高分子材料科学与工程, 2017, 33(3): 100-106.

[124] 焦运红, 王谦, 徐建中, 等. 簇状羟基锡酸锶的合成及对软聚氯乙烯的阻燃消烟作用[J]. 高分子材料科学与工程, 2017, 33(3): 48-52.

[125] 焦运红, 陈金杰, 徐建中, 等. 两种形貌的羟基锡酸锌对聚氯乙烯的阻燃作用[J]. 中国塑料, 2016, 30(12): 75-80.

[126] 张志帆, 武伟红, 徐建中, 等. 次磷酸铝与石墨烯对 PBT 的协效阻燃作用[J]. 中国塑料, 2016, 30(9): 41-47.

[127] 张志帆, 武伟红, 徐建中, 等. 次磷酸铝与锡酸锌协效阻燃聚对苯二甲酸丁二醇酯的研究[J]. 中国塑料, 2016, 30(5): 93-97.

[128] 张志帆, 武伟红, 徐建中, 等. 次磷酸铝与锡酸锌协效阻燃聚对苯二甲酸丁二醇酯的研究[J]. 中国塑料, 2016, 30(5): 93-97.

[129] 陈灵智, 王燕, 徐建中. 模板法合成锡酸钴及其对 PVC 的阻燃应用[J]. 无机盐工业, 2016, 48(4): 38-41.

[130] 武翠翠, 武伟红, 徐建中, 等. 一种长链磷腈衍生物的制备及对乙烯醋酸乙烯酯的阻燃增容作用[J]. 高分子材料科学与工程, 2016, 32(3): 157-161.

[131] 徐建中, 何立乾, 冯刚, 等. 非晶锡酸锌包覆黏土的制备及阻燃应用[J]. 无机盐工业, 2016, 48(3): 17-19.

[132] 齐艳侠, 武翠翠, 徐建中, 等. 长链磷腈衍生物的制备及其在聚丙烯中的阻燃应用[J]. 中国塑料, 2015, 29(10): 47-52.

[133] 武伟红, 吕树芳, 徐建中, 等. 一种三聚氰胺盐及其复合物对软聚氯乙烯的阻燃消烟作用[J]. 高分子材料科学与工程, 2015, 31(2): 113-118.

[134] 马海云, 王君, 徐建中, 等. 磷腈衍生物大分子阻燃剂的合成及在聚丙烯中的应用[J]. 高分子材料科学与工程, 2014, 30(7): 44-50.

[135] 徐建中, 李光明, 徐建中, 等. 室温仿生合成羟基锡酸锌微球及其表征[J]. 无机盐工业, 2014, 46(4): 10-13.

[136] 刘晓威, 武伟红, 徐建中, 等. 乙烯基聚硅氧烷包覆改性聚磷酸铵及其在环氧树脂中的阻燃应用[J]. 中国塑料, 2014, 28(3): 59-64.

[137] 谢吉星, 宋英, 徐建中, 等. 乳酸/N, N-双（2-羟乙基）甘氨酸共聚缓释微球的制备及表征[J]. 高分子材料科学与工程, 2014, 30(1): 40-43.

[138] 徐建中, 封小洁, 徐建中, 等. Zn_2SnO_4 的制备及其对软质聚氯乙烯的阻燃研究[J]. 中国塑料, 2013, 27(10): 52-57.

[139] 徐建中, 刘彩红, 徐建中, 等. $ZnAl_2O_4$ 的合成及在软质聚氯乙烯（PVC）中的阻燃应用[J]. 高分子材料科学与工程, 2013, 29(3): 124-127.

[140] 徐建中, 何战猛, 屈红强. 六苯氧基环三磷腈阻燃 PC 及其热解过程的研究[J]. 中国塑料, 2013, 27(1): 92-97.

[141] 屈红强，武君琪，徐建中，等. 聚磷酸铵阻燃剂表面改性研究进展[J]. 中国塑料，2012，26(12): 93-97.

[142] 徐建中，唐婷婷，屈红强，等. 疏水硼酸锌与氢氧化镁协同阻燃 EVA 的性能研究[J]. 中国塑料，2012, 26(6): 28-33.

[143] 徐建中，杜卫义，王春征，等. 六苯氧基环三磷腈阻燃 PC/ABS 合金及其热解研究[J]. 中国塑料，2011, 25(12): 21-25.

[144] 徐建中，彭飞，焦运红，等. 混合模板控制合成羟基锡酸锌包覆碳酸钙及其阻燃 PVC 研究[J]. 中国塑料, 2011, 25(11): 80-85.

[145] 徐建中，胡珂，焦运红，等. 两种不同形貌羟基锡酸锌晶体的合成与表征[J]. 无机盐工业，2011, 43(3): 24-26.

[146] 王锐，谢吉星，徐建中，等. 酚氧基环磷腈阻燃环氧树脂的热解过程研究[J]. 中国塑料，2010, 24(11): 84-88.

[147] 屈红强，武伟红，徐建中，等. 聚磷酸铵为主的膨胀型阻燃剂的协效研究进展[J]. 中国塑料, 2010, 24(7): 7-12.

[148] 谢吉星，印杰，徐建中，等. 地聚合材料固化处理垃圾焚烧飞灰[J]. 环境工程学报，2010，4(4): 935-939.

[149] 徐建中，时佳，谢吉星，等. 热重-质谱联用对膨胀型阻燃剂阻燃 EVA 的机理研究[J]. 中国塑料, 2010, 24(3): 101-104.

[150] 徐建中，刘颖，李妍，等. 负热膨胀材料的研究与应用进展[J]. 河北大学学报（自然科学版）, 2009, 29(4): 443-448.

[151] 屈红强，程朝立，徐建中，等. 锡酸盐/十溴二苯醚阻燃体系对聚苯乙烯的阻燃消烟作用[J]. 中国塑料, 2008, 22(10): 76-80.

[152] 屈红强，武伟红，徐建中，等. 锡酸盐与 $Mg(OH)_2$ 复合阻燃剂对软 PVC 的阻燃消烟作用[J]. 高分子材料科学与工程, 2008(10): 95-98.

[153] 程倩，徐建中. Ni(Ⅳ)引发苯乙烯在纤维素上接枝共聚合反应[J]. 河北大学学报（自然科学版）, 2008(3): 263-268.

[154] 霍晓晖，王玉林，徐建中，等. 卷烟滤嘴用纤维过滤材料减害降焦效果研究进展[J]. 科技导报, 2007(22): 76-80.

[155] 徐建中，赵晓珑，柴兴泉. 六氯环三磷腈对大豆蛋白纤维的阻燃[J]. 高分子材料科学与工程, 2006(4): 227-230.

[156] 徐建中，周云龙，唐然肖. 地聚合物水泥固化重金属的研究[J]. 建筑材料学报, 2006(03): 341-346.

[157] 屈红强，武伟红，徐建中，等. 氧化锌和氢氧化物对软聚氯乙烯阻燃性能的影响[J]. 化工学报, 2006(5): 1259-1263.

[158] 徐建中，何勇武，唐然肖，等. 六氯环三磷腈的合成及对木材的阻燃研究[J]. 河北大学学报（自然科学版）, 2006(2): 170-174.

[159] 屈红强，武伟红，徐建中，等. 纳米 $CaCO_3$ 对阻燃型软质聚氯乙烯的增韧增强作用[J]. 中国塑料, 2005(7): 36-40.

[160] 王海, 国占生, 徐建中, 等. SnO_2和SiO_2用于PVC的阻燃消烟及协同作用[J]. 中国塑料, 2005(6): 86-90.

[161] 徐建中, 张春艳, 田春明. 表面改性纳米硫化锌的合成及表征[J]. 河北大学学报（自然科学版）, 2005(2): 214-217.

[162] 杜保安, 申世刚, 徐建中, 等. 电感耦合等离子体原子发射光谱法定量测试明胶中的微量元素 Co 和Bi——应用IEC模型校正Fe对Co的光谱干扰[J]. 光谱学与光谱分析, 2005(1): 113-115.

[163] 田春明, 谢吉星, 徐建中, 等. 氧化锌在膨胀阻燃体系中的协效作用[J]. 河北大学学报（自然科学版）, 2004(6): 600-604.

[164] 田春明, 谢吉星, 徐建中, 等. 膨胀石墨在聚乙烯中阻燃协效作用的研究[J]. 中国塑料, 2003(12): 51-54.

[165] 田春明, 屈红强, 徐建中, 等. 金属配合物对软聚氯乙烯的阻燃消烟作用[J]. 中国塑料, 2003(8): 75-78.

[166] 田春明, 王海, 徐建中, 等. 低熔点硫酸盐对软质 PVC 的阻燃与消烟性能研究[J]. 中国塑料, 2003(2): 86-91.

[167] 田春明, 李芝, 徐建中, 等. 改性羊毛纤维的热性能研究[J]. 河北大学学报（自然科学版）, 2003(1): 34-37.

[168] 田春明, 高明, 徐建中, 等. 改性木材的热性能研究[J]. 河北大学学报（自然科学版）, 2002(2): 141-144.

[169] 庞国芳, 梁淑轩, 徐建中, 等. 基于风险值自动计算——信息多维采集的农药残留大数据评估市售果蔬安全水平[J]. 中国科学院院刊, 2018, 33(3): 318-329.

[170] 陈灵智, 徐建中, 焦运红. 高吸附性活性炭制备及应用进展[J]. 炭素技术, 2014, 33(6): 37-41.

[171] 闫顺, 徐路平, 徐建中, 等. 无机氢氧化物/硼酸在阻燃芦苇基纤维板中的协效作用[J]. 林产化学与工业, 2020, 40(1): 101-105.

[172] 张伟, 张洪文, 徐建中, 等. 三维花状 $Ni(OH)_2$ 包裹 TiO_2 微米球用于光催化产氢[J]. 催化学报, 2019, 40(3): 320-325.

[173] GUPTA Monika, 闫东, 徐建中, 等. 苝二酰亚胺：有机膦盐基双组份共混电子传输层及其开路电压接近1.0V的非富勒烯聚合物太阳电池（英文）[J]. 物理化学学报, 2019, 35(5): 496-502.

[174] 张冲, 耿晓维, 徐建中, 等. 环交联聚磷腈包覆羟基锡酸锶杂化纳米棒的合成及阻燃环氧树脂研究[J]. 无机材料学报, 2019, 34(7): 761-767.

[175] 刘孟飞, 王美, 徐建中, 等. 超高效液相色谱-静电场轨道离子阱高分辨质谱法测定设施菜地土壤中有机磷酸二酯类化合物[J]. 色谱, 2023, 41(1): 58-65.

[176] 赵师师, 贺梦, 徐建中, 等. 环交联聚磷腈微球的合成及阻燃聚碳酸酯的研究[J]. 中国科学：化学, 2018, 48(3): 282-288.